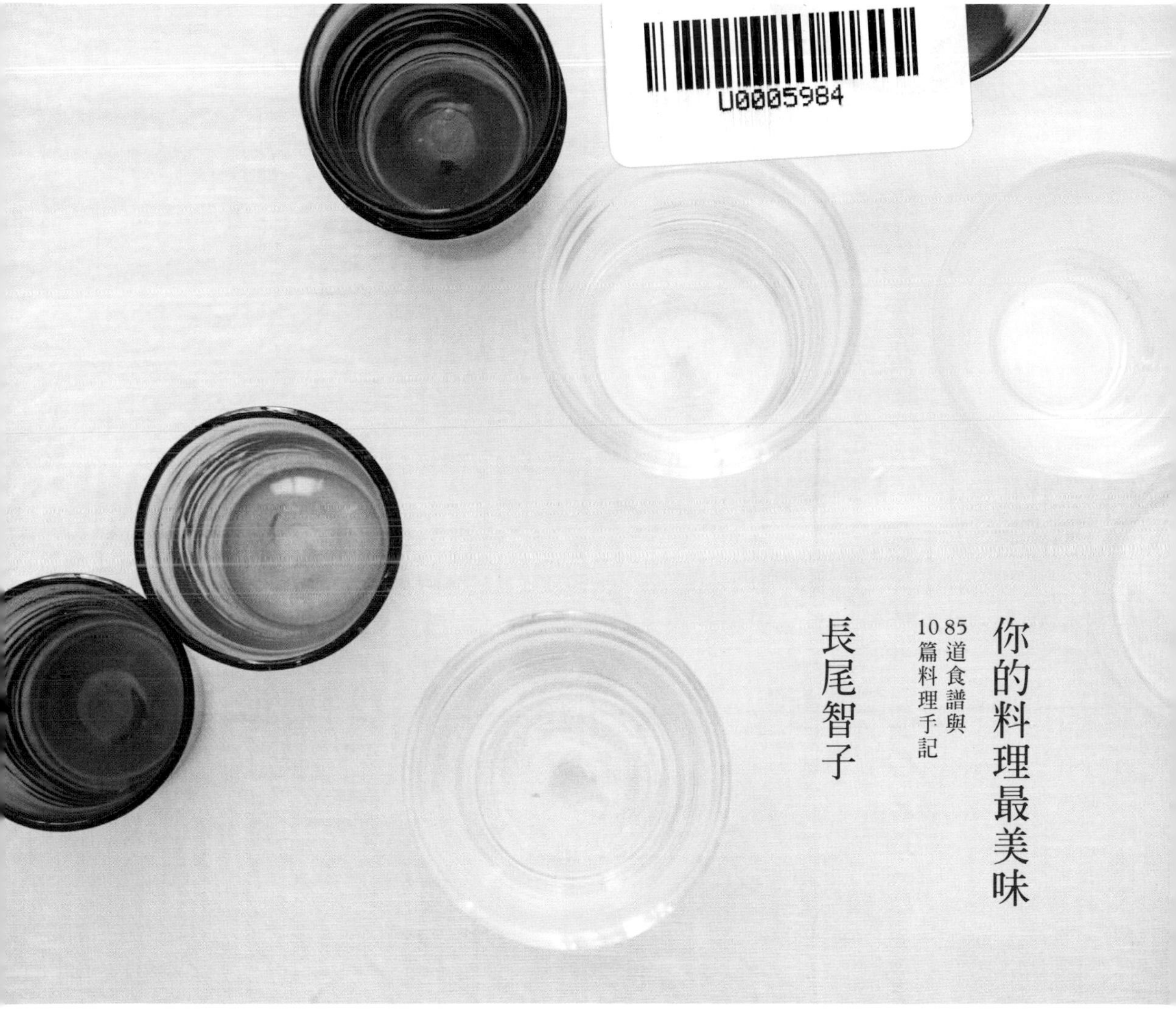

你的料理最美味

85道食譜與
10篇料理手記

長尾智子

前言

許多人都覺得自己廚藝不好。不過，偶爾也會有這種感覺吧？明明作法和平常一樣，怎麼今天的料理出乎意料地好吃！卻想不出這意外成功的原因究竟是什麼。

這是爲什麼呢？

我想應該是因爲在料理的當下，自己是以自然率直的心情下廚，不求一定要成功，也不過於小心謹愼。換言之，料理的成功，無關廚藝好壞，也不在豐富的知識或經驗。我也是最近才有所體認，只有與手中的食材對話，不勉強自己、也不求一定要成功，下廚才有樂趣。用這種態度下廚，自然會成功。料理眞的很不可思議。

當眼前冒著溫暖香氣的是自己經常做的料理，這一刻你將意識到，原來下廚不是爲了任何人，而是爲了自己。可以永遠對料理抱持興趣，享受做菜、品嘗的樂趣，是多麼幸福的一件事啊。

既然如此，就用眞心面對食材，先爲自己下廚吧！最後的成果可以和家人品嘗，也可以找來親朋好友一起分享。或者偶爾獨自靜靜享用。這樣的生活，各位不妨試著想像一下。期待這本食譜集能陪伴你一起料理，使你樂在其中。相信許久之後的某一天你會發現，對你來說最美味的，正是自己的料理。

你的料理最美味——目次

開始料理之前

關於材料

＊1小匙＝5毫升，1大匙＝15毫升。1杯＝200毫升，1米杯＝180毫升。

＊蛋使用的是大顆雞蛋。

＊鹽使用的是含礦物質的天然鹽（海鹽、岩鹽），選顆粒較細的使用上比較方便。法國給宏德（Guerande）的灰鹽，或是日本產的海鹽等各種天然鹽都含有鮮味，大家可多方嘗試運用。

＊加熱調理用的植物油可選擇太白麻油、葡萄籽油、菜籽油等喜愛的種類。建議挑選沒有強烈風味的。食譜中偶爾也會使用橄欖油或麻油等味道和香氣較濃郁的油，這種情況時會特別註記油的種類。橄欖油一般會使用特級初榨油。

＊醋可挑選糙米醋或是米醋等喜愛的種類。若喜歡蘋果醋等微甜的風味，也可以選用。或是將不同種類的醋調和使用，也是個好方法。

＊葡萄酒醋使用的是風味清爽的白酒醋。

＊辣椒粉選用的是辣中帶甘的種類（西班牙或韓國產）。若使用一味唐辛子或紅辣椒粉等辣度較強的種類請減少用量。

＊砂糖使用甜菜糖與使用細紅糖或是粗糖、洗雙糖的效果差不多。蜂蜜和楓糖由於風味較強烈，替代使用時請減少食譜上的份量。

＊食譜中省略了削皮、去除蒂頭和籽囊等部分步驟。只有在帶皮或保留蒂頭的狀況下才會特別註記。

關於器具

＊食譜中提供的爐子或烤箱火力大小、溫度、加熱時間等皆為概略估算，這些會因為機種或爐具類型不同，如瓦斯、電氣、IH爐等，熱能的傳導方式而有不同，因此請自行根據狀況調整。

＊鍋子最好備齊大（24公分）、中（20公分）、小（16～18公分）三種尺寸，使用上較方便。或是中、中、小三種尺寸也行，大量製作時就以兩個中鍋來運用。用鍋子同時做兩件事時，使用兩個同尺寸的鍋子較為方便。在材質的選擇上，無論是鐵或不銹鋼、鋁等材質，都建議選用稍有厚度的鍋子，保溫效能較佳。

＊B5或A4大小的淺方盆方便同時備料與料理。同樣好用的還有尺寸較小的調理碗，可多準備幾個，使用起來更方便。

＊木杓最好依照料理種類區分使用。若已經用來煮咖哩或燉煮料理、炒物等，就不要拿來用在其他料理上。無油料理和餅乾甜點等使用的木杓也都要分開，在衛生上比較安心。

＊茶匙大小的湯匙對於簡單混拌、試味道或舀取香料，都非常方便好用。另外同樣好用的小型器具還有打蛋器、研磨器與橡膠刮刀。這類小型器具比較有利於小範圍的畫圓攪拌。

比外面買的更美味的自家製小菜

在這個以個食爲主流的時代，外帶熟食店裡的即食小菜應有盡有，就連煮好後還得費事清理的炸物也有，日式、西式、中式等各色料理任君挑選，只要少量多樣地買個幾樣，就能完全擺脫花時間料理的麻煩。不過，請各位先停下來想一想。煮魚買現成的也就算了，浸漬料理之類的不妨就自己動手做吧。至少也要養成自己做小菜的習慣，別讓餐桌上全是買來的即食料理。建議最好的方法是，花點時間事先做好保存起來。或許有人會認爲，買現成的既不會浪費食材，也比自己做的好吃。不過，重口味的即食料理其實怎麼吃都差不多，不會有難以下嚥的東西，也沒有令人特別驚豔的美味。然而，自己做雖然偶爾會失敗，但相對可以完全掌握食材的選擇，還能期待成功時的那份喜悅。如果太忙或覺得下廚麻煩，就盡量買些單純、簡單的即食料理，再搭配自己事先做好保存、有著自製風味的小菜一起品嘗吧。如此搭配，就能讓原本只有即食料理的餐桌頓時充滿活力呢。一點一點地吃著自己做的料理，一定會逐漸上癮，下回也想要親自下廚。

等到會自由搭配自己的想法和技巧下廚時，即便生活再忙，也能用愉悅的心情去享受每一餐的料理。

甜醋漬小番茄（13頁）、
油漬烤蔥（11頁）、
油漬炙燒菇（11頁）、
甜醋漬白花椰菜（13頁）、
搭配荷包蛋及茅屋乳酪。
最後再撒上現磨胡椒、淋上橄欖油。

油漬烤鮮蔬

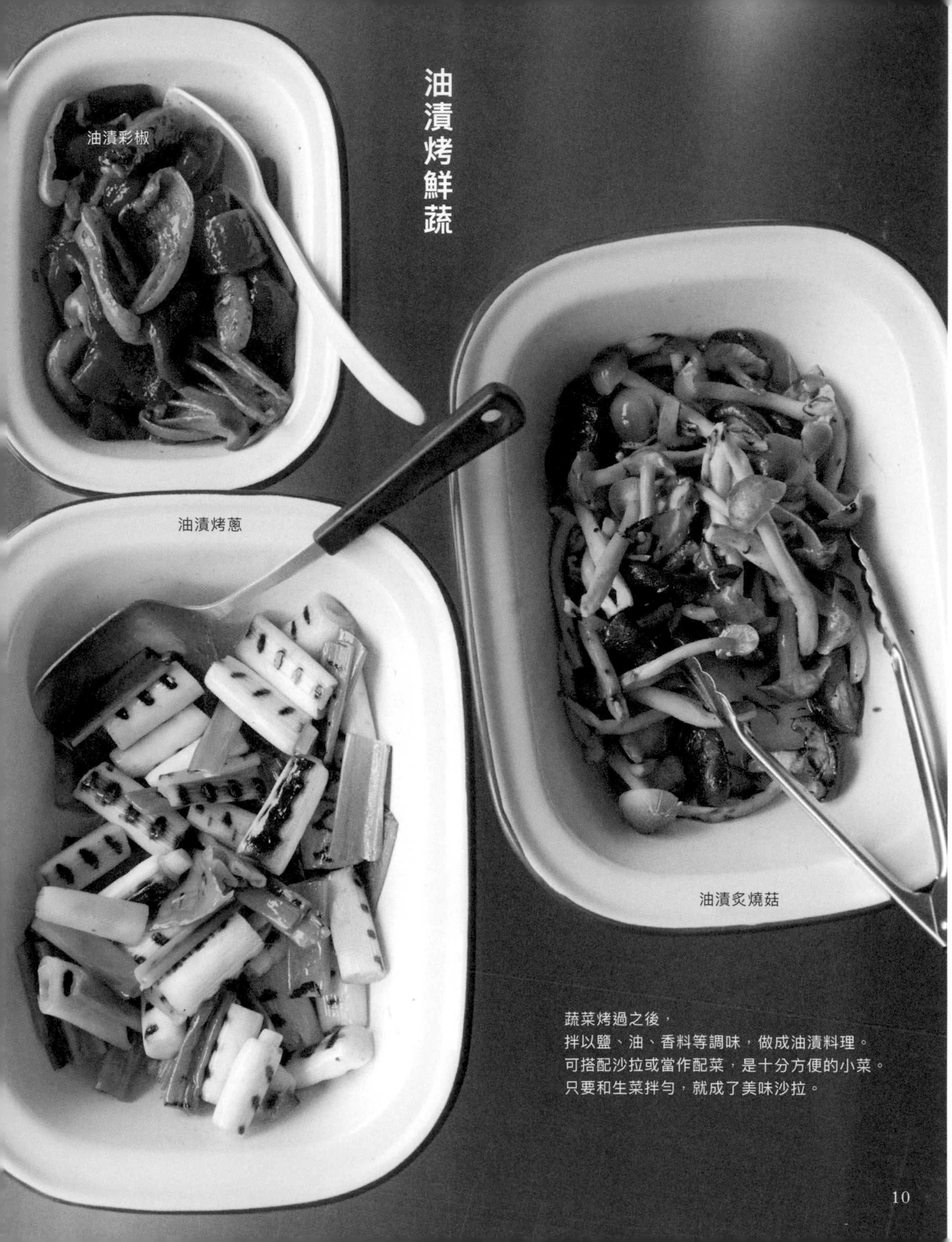

蔬菜烤過之後，
拌以鹽、油、香料等調味，做成油漬料理。
可搭配沙拉或當作配菜，是十分方便的小菜。
只要和生菜拌勻，就成了美味沙拉。

油漬烤蔥

材料　方便製作的份量

大蔥……2根
鹽……少許
太白麻油……1大匙

作法

1 大蔥切成3公分長段，放入橫紋煎鍋中，以中大火煎烤至蔥白明顯上焦色、蔥綠變軟。
2 起鍋趁熱撒上鹽，淋上太白麻油。冷藏約可保存1週。

＊烤過的大蔥有著美味的甘甜。油可以混合太白麻油與一般的麻油使用，或用橄欖油代替。

油漬沙丁魚（14頁）淋上少許漬油後加熱回溫，作為主菜。再搭配油漬彩椒（參照右上方食譜）及新粉吹芋馬鈴薯沙拉（14頁）等簡單兩道小菜，就是一餐。油漬料理實在是方便萬能的小菜。

油漬彩椒

材料　方便製作的份量

紅甜椒……3顆
青椒……4顆

A
- 鹽……少許
- 橄欖油……1大匙
- 辣椒粉……1小撮

作法

1 紅甜椒和青椒將蒂頭沿著靠近根部的地方切除。放在已用中火加熱過的烤網上炙烤，過程中不時翻動，烤至表面呈微焦黑。烤好後移至淺方盆中稍微放涼。
2 將烤好的彩椒剝去外皮，對半縱切，切除蒂頭根部和籽囊，並將炙烤過程中產生的水分過濾出來備用。
3 將**2**的彩椒切成細長條，和方才濾出的水分一起放入大碗中，淋上A拌勻。冷藏約可保存2週。

＊只以少量的油浸漬，可搭配燙青菜、火腿或義式臘腸，再淋上喜愛的酸味淋醬和橄欖油，做成沙拉。

油漬炙燒菇

材料　方便製作的份量

鴻喜菇……2包
香菇……8～10朵
鹽……少許

A
- 孜然……1小匙
- 橄欖油……1大匙

橄欖油……2大匙

作法

1 鴻喜菇切除根部，剝成小株。香菇切除蒂頭後，對半縱切。將所有菇類放進橫紋煎鍋或平底鍋中，以大火炙煎至部分上色（香菇以切面朝下）。完成之後取出放入大碗中，撒上鹽。
2 平底鍋以小火將A加熱至產生香氣後，淋在**1**當中拌勻，接著再加入橄欖油混合拌勻。冷藏約可保存1週。

＊炙煎到微焦上色是味道的關鍵。若要搭配醬油風味的日式料理，就不要加孜然。

甜醋漬鮮蔬

甜醋漬小黃瓜和西芹

甜醋漬小番茄

甜醋漬白花椰菜

甜醋漬鮮蔬就像是料理的後援部隊，
事先做好常備著，
當餐點的蔬菜份量不足時，就能隨時應用。
可當成醬菜吃，
或是淋上喜歡的油來品嘗。

甜醋漬小黃瓜和西芹

材料　方便製作的份量

小黃瓜……2根
西芹……1根

A
- 白酒醋……150毫升
- 水……150毫升
- 甜菜糖……2大匙
- 鹽……1/3小匙
- 月桂葉……3～4小片

作法

1 小黃瓜長、寬各切成4等份後，削去部分外皮。西芹削去粗絲，切成0.5～1公分厚斜片。

2 將A放入鍋中煮2～3分鐘，沸騰後加入**1**，立即熄火，放至冷卻。冷藏約可保存2週。

＊這道醃菜的酸味不會過於強烈，淋上橄欖油後吃起來就像沙拉。

甜醋漬小番茄

材料　方便製作的份量

小番茄……20顆

A
- 米醋……150毫升
- 水……150毫升
- 甜菜糖……2大匙
- 鹽……1/4小匙

作法

1 小番茄去除蒂頭，以竹籤在表面稍微戳出3～4個小洞。

2 將A放入鍋中煮2～3分鐘，沸騰後加入**1**，立即熄火。以保鮮膜輕輕覆蓋、不密封，放至冷卻。冷藏約可保存4～7天（夏季3天）。

＊如同左下方照片，在各種常備菜的搭配組合中加上一顆甜醋漬小番茄，視覺效果頓時提升不少。光是加上一顆紅色番茄，看起來美味的程度就截然不同。

甜醋漬白花椰菜

材料　方便製作的份量

白花椰菜……中型的1顆
檸檬……1顆

A
- 白酒醋……100毫升
- 水……200毫升
- 甜菜糖……1大匙
- 鹽……1/3小匙

作法

1 白花椰菜切成小株。檸檬切下3～4片薄片，剩餘的榨成汁。

2 鍋子裡放入A和檸檬片，加熱2～3分鐘沸騰後，加入白花椰菜，續煮2分鐘後熄火，再加入檸檬汁。

3 移至容器中放涼，過程中偶爾上下翻動。冷藏約可保存7～10天。

＊新鮮白花椰菜的粗莖和葉子也可一同醃漬。粗莖先削去一層厚皮，葉子部分只用內層較嫩的。

油漬沙丁魚和新粉吹芋馬鈴薯沙拉搭配成一餐。**新粉吹芋馬鈴薯沙拉作法**：將55頁的新粉吹芋馬鈴薯切薄片，再和用鹽抓揉過的小黃瓜拌勻即可。也可以加點美乃滋。

自家製油漬沙丁魚

材料　方便製作的份量

沙丁魚……中型的8條
鹽……沙丁魚總重的3%
洋蔥……中型的1/2顆
紅蘿蔔……1小根
百里香……2～3根
巴西利莖……2～3根
白酒……200毫升
橄欖油……約150毫升

作法

1. 將沙丁魚切除頭部，以刀子從腹部劃開、挖除內臟後，用流動的水將魚洗淨。擦乾水分後測一下重量，接著排放在淺方盆中，表面以鹽搓揉，冷藏一晚備用。
2. 洋蔥切薄片，紅蘿蔔切成0.5公分厚圓片。百里香和巴西利莖折成適當長段。
3. 擦乾沙丁魚表面鹽分和水分，排放在鋪有烘焙紙的鍋中。上頭撒放**2**的食材，並淋上白酒。以中火蓋鍋加熱，沸騰後轉小火蒸煮約15分鐘，直到沙丁魚完全熟透。
4. 將沙丁魚取出擺放在淺方盆中，淋上一半份量的橄欖油。接著蓋上廚房紙巾，再將剩餘的橄欖油淋上去。以保鮮膜覆蓋容器，放至完全冷卻。冷藏夏季約可保存4～5天，其他季節約可保存10～14天。

＊直接冷食或稍微回烤都很美味。搭配蔬菜就能當作主菜，再方便不過了。吃的時候擠點柑橘類的果汁或淋上醋，再撒點鹽一起品嘗。

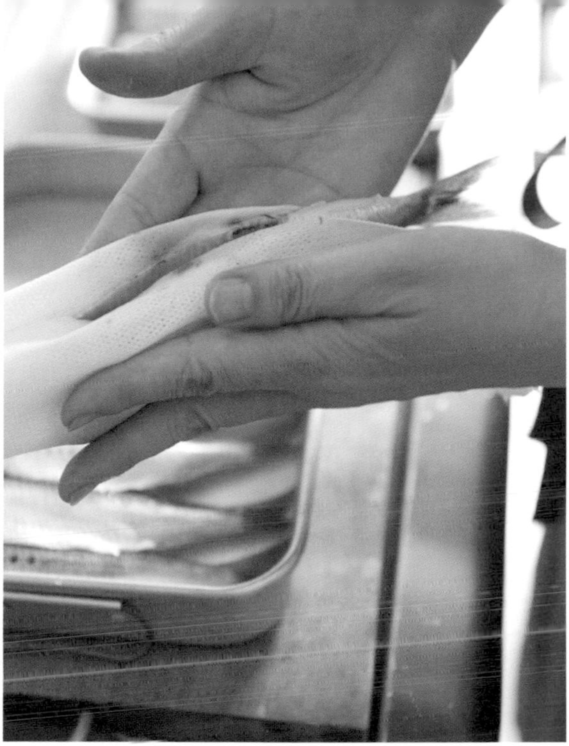

炒絞肉（右）與炒黃豆素絞肉（左）
可加在炒菜、炒飯、拌飯中一起炒，
或是和番茄一起燉煮成義大利麵醬、咖哩肉醬等。
可依各人的喜好做變化。

異國風味絞肉蓋飯

……絞肉活用術

材料　1人份

炒絞肉，或炒黃豆素絞肉（右記）

……滿滿2～3大匙

紅辣椒（輪切）……1根

薑泥……1/2小匙

香菜、羅勒（切粗末）……各適量

魚露……2～3小匙

麻油……1小匙略多

白飯……1碗

檸檬……適量

作法

1 平底鍋加熱麻油，接著放入炒絞肉、辣椒、薑泥，以中火炒香後再加入香菜和羅勒，並淋上魚露拌炒均勻。

2 將**1**炒好的絞肉盛放在白飯上，擠上適量檸檬汁一起品嘗。

＊這是炒絞肉最美味的吃法。這時候香菜和羅勒的份量要多，並大方擠上檸檬汁（也可以用醋橘或萊姆），享受十足的異國風味。再加顆水煮蛋或荷包蛋也很美味。或是將白飯改成麵類也很適合。

炒絞肉

材料　方便製作的份量

絞肉（粗）……450公克

大蒜……1小瓣

鹽……少許

植物油……2小匙

作法

1 平底鍋中放入沙拉油及切對半的大蒜，以小火將大蒜炒香，接著放入絞肉，撒上鹽，以中火拌炒。確實炒到絞肉釋出的水分收乾為止。

2 熄火稍微放涼後，放入保存容器中。趁油脂尚未變白、凝固之前，稍微翻動拌勻，蓋上蓋子。冷藏夏季約可保存3～4天，其他季節約可保存10～14天。也可以冷凍保存。

＊先嘗試過鹽炒之後，不妨也試試醬油味或加香草、香料等各種調味。也可以只用豬絞肉來做。粗絞肉口感比較好，吃起來有咬勁，我比較喜歡。若是使用細絞肉，保留口感的祕訣在於拌炒時別過度攪拌。絞肉裡的大蒜也可以吃。

炒黃豆素絞肉

材料　方便製作的份量

黃豆素肉（絞肉狀）……100公克

鹽……適量

醬油……1大匙

紅辣椒……1/2根

植物油……2小匙

作法

1 將黃豆素肉放入大量滾水中汆燙約1分鐘，撈起後撒上鹽，稍微放涼、瀝乾。

2 平底鍋倒入植物油熱鍋，放入**1**和辣椒，撒點鹽，以中火拌炒。接著加入醬油一起炒，視鍋中情況調整火力，避免燒焦，炒到醬汁收得差不多為止。

3 熄火稍微放涼後，放入保存容器中。冷藏夏季約可保存3～4天，其他季節約可保存10天。

＊黃豆素肉用來做素食以外的料理也別有一番樂趣。黃豆食品做成日式或中式料理都好吃，因此這裡用了醬油與紅辣椒來做出適合這兩者的美好風味。

簡易水煮雞肉

材料　方便製作的份量
雞胸肉……2片
鹽……雞肉總重的2%
水……約2公升

作法

1 雞肉切除油脂和筋後秤重。以雞肉總重2%的鹽搓抹雞肉表面，接著放入密封容器或密封袋中冷藏半天。
2 取出雞肉擦乾表面鹽分和水分，放入鍋中，加入蓋過雞肉的水，以中火煮至沸騰後轉小火，撈除浮沫，調整火力保持微沸騰的狀態煮15分鐘。熄火後蓋上鍋蓋放至冷卻。連同煮汁一起冷藏保存，夏季大約可以保存3～4天，其他季節約為1週。

＊水煮雞胸肉根據切法不同，可以當成配料或主菜，就像火腿一樣用途多元，永遠吃不膩。煮汁可連同一起使用，也能單獨運用，非常方便。例如加一點在燉菜裡可添增香醇風味。煮汁可單獨保存或分成小塊冷凍保存，約1個月內用完。

水煮雞肉小黃瓜三明治

……簡易水煮雞肉活用術

材料　4份
簡易水煮雞肉（右記）
……雞胸肉1片
小黃瓜……2根
美乃滋……約2大匙
自製芥末醬（24頁）……2～3大匙
米醋……約1小匙
鹽、胡椒……各少許
麵包（切片）……4份（8片）

作法

1 將水煮雞肉片成薄片。小黃瓜切斜薄片後淋上米醋。
2 麵包稍微烤過後擺在砧板上，一面抹上一層薄薄的美乃滋，接著再抹上芥末醬。
3 在**2**已抹好美乃滋與芥末醬的4片麵包上擺上小黃瓜，再放上水煮雞肉，撒上鹽和胡椒。將剩餘的4片麵包分別蓋上，以手輕輕壓住，切成適當大小。

＊雖然只是簡單的三明治，但用自製火腿（水煮雞肉）和芥末醬來做，吃起來感覺特別美味。雖然用的是一般常見食材，卻是獨一無二的特製三明治。這正是所謂日常中的奢侈。

水煮雞肉 蛤蜊清湯

剩餘尷尬份量的水煮雞肉，可以和蛤蜊一起煮成清湯。將水燒開後，加入清水份量約3成的雞肉煮汁，再放入吐完砂的蛤蜊，並以鹽調味。接著放入水芹莖與切小塊的水煮雞肉，最後用味噌或麻油、檸檬汁、醬油、魚露等調成喜歡的風味即可。

水煮雞肉 佐檸檬奶油馬鈴薯

水煮雞肉以少許煮汁一起加熱回溫後切片，撒上25頁的香草鹽，再搭配55頁的檸檬奶油焗馬鈴薯一起品嘗。雞肉、馬鈴薯、檸檬、奶油，香草等雖然都是風味溫和的食材，但美味的組合卻可成就一道百吃不膩的主菜。

水煮雞肉佐油漬沙拉

簡單用水煮雞肉搭配蔬菜沙拉，就是一餐輕食料理。沙拉作法是將番茄1顆、小黃瓜1根、西芹1根切小丁，以少許鹽和美乃滋1大匙、米醋1小匙拌勻，最後淋上橄欖油。也可依喜好撒上些許辣椒粉。

水煮雞肉佐鯷魚巴西利橄欖油

這是一道適合搭配紅酒的水煮雞肉料理。只要將水煮雞肉切片，淋上24頁的鯷魚巴西利橄欖油就完成了。雞肉的清甜搭配鯷魚的鹹味，碰撞出令人驚豔的義式冷盤。撒點現磨胡椒後擺在麵包上一起品嘗，好吃到無話可說！

天天都想用的自製調味料

我並非嫌棄市售的調味料，只是單純覺得那些味道都太強烈了。每天都會少量使用的鹽、醋、醬油、味噌、油、香辛料等，不妨奢侈一點，稍微多花點錢，選擇無添加、品質好的產品。使用品質好的調味料的好處是，首先會開始留意到食材的美味。用無添加的醋來澆淋或醃漬酸梅和昆布，食材會各自釋出天然原味。嘗到所謂的食材原味之後，就會知道什麼是多餘的風味。如此一來，比如在買酸梅時或許就會更謹慎地挑選，變得喜歡口味清淡一點的酸梅。外食的時候，可能也會稍微多加考量，對味道變得更敏感也說不定。自己做的東西相對溫合而單純，可以讓人安心。希望大家也能慢慢習慣這種不添加香料和防腐劑的清淡味道。

奇妙的是，自製調味料的味道相對單純，沒有過多的人工風味。料理中加了自製調味料之後，不曉得是否因為襯托出每種食材的味道，嘗起來完全不像使用市售調味料般所有配料的味道都一樣。由於味道單純、清淡不搶味，因此可以加一小撮辣椒，或是依照自己的喜好適度地在料理中添點甜味。自製調味料怎樣都吃不膩，可以用來掌控自己料理的味道。調味料雖然只是料理中的一小部分，卻是每天都會用到的東西。一點點的差異，結果將大大不同。

自製芥末醬

材料　方便製作的份量

黃芥末籽……50公克
白酒醋……約120毫升
鹽……1小匙略少
甜菜糖……1大匙略多
薑黃粉……1/4小匙

將所有食材混合拌勻，室溫靜置半天待味道融合。接著放入食物調理機中，攪拌至芥末籽變細碎、整體質地變濃稠。將攪拌好的芥末醬裝進煮沸消毒過的瓶子裡，冷藏約2週等待熟成。過程中偶爾打開觀察狀態及味道，當芥末醬變得黏稠(關鍵重點)、散發醋味便完成。

用途→抹三明治、與美乃滋混合或加到沙拉醬裡。尤其推薦搭配法式清燉牛肉蔬菜或清燙蔬菜、水煮肉、煎肉排等，調味單純的料理。

番茄醬風味番茄醬料

材料　方便製作的份量

番茄泥……700毫升
白酒醋……300毫升
甜菜糖……1大匙
鹽……1/3小匙

將所有材料放入深鍋中，蓋上鍋蓋、稍微保留一點縫隙，以小火燉煮約1小時。過程中不時攪拌並調整火力，避免燒焦。這是一道有著單純酸甜味、像番茄醬一樣的番茄醬汁。可依個人喜好加入丁香、月桂葉、肉豆蔻等一起燉煮。

用途→加在番茄醬汁中以提升香醇風味、與美乃滋混合拌勻成醬汁，或是淋在36頁米蘭風味炸鰹魚等炸物上。將市售可樂餅沾著一起吃，感覺就像自己做的家常菜。

鯷魚巴西利橄欖油

材料　方便製作的份量

A 鯷魚……約50公克
　巴西利……2根
　蒜泥……1/2小匙
　薑泥……依喜好添加少許
橄欖油……約4大匙

將A用刀子混拌剁成碎末，放至容器中，加入橄欖油拌勻即完成。製作這道醬汁對於一次使用總是用不完一整瓶的鯷魚來說十分方便。任何料理只要淋上這道醬汁，立刻能變身為義式風味。

用途→烤魚、茄醬義大利麵、水煮雞肉、烤茄子、清燙蔬菜(馬鈴薯、青花菜、白花椰菜等)、水煮豆、抹麵包、拌在沙拉醬中。

梅子昆布醋

材料　方便製作的份量
酸梅乾……1大顆
昆布……2公分方形1片
米醋……約200毫升

將所有材料放入煮沸消毒過的瓶子裡，室溫靜置約3天後再冷藏保存。醋也能依個人喜愛使用糙米醋或蘋果醋等。酸梅乾選用不甜的。材料的加工味道會影響到最後成品的風味，請盡量避免。

用途→加砂糖調成壽司醋、作為日式沙拉醬的基底或西式泡菜的醃醬。也可少量添加在涼拌或浸煮料理中。

醬油味噌米麴

材料　方便製作的份量
醬油……2大匙
田舍味噌（麥麴味噌）……2大匙
米麴……2大匙
水……適量
鹽……1小撮

米麴中加入鹽及蓋過鹽的水，以湯匙將米麴調開。接著加入醬油和味噌拌勻後，倒入煮沸消毒過的瓶子裡，放置室溫1週以上即熟成。等到醬油、味噌、米麴的味道相互融合、散發醇厚風味便完成。完成的醬油味噌米麴味道濃郁，使用前可先稀釋。

用途→淋在59頁清蒸茄子或豆腐、白飯、白蘿蔔泥上。也可用來醃漬肉類或魚類後再烤，或拌毛豆、作為煮物調味等添增風味之用。

香草鹽

材料　方便製作的份量
粗鹽……滿滿3大匙
普羅旺斯香料……1大匙

將粗鹽和普羅旺斯香料混合，以研磨缽磨碎。只要這麼一個簡單的步驟，粗鹽和普羅旺斯香料的味道就可以融合一起，完成香草風味的鹽。粗鹽與普羅旺斯香料的比例可依用途做調整，香草也能改用百里香或迷迭香、蒔蘿、羅勒、香菜等喜愛的香草來做不同變化。

用途→作為煎肉排料理的調味、為湯品添增風味、與沙拉汁調合、撒在生菜上。

冰箱是料理的保存箱

愈是生活忙碌的人，更要每週一次準備一些料理的半成品，放在祕密百寶箱中保存。所謂的祕密百寶箱，指的就是冰箱，是一般人的生活必需品。我一直把冰箱當成可靠的保存箱，每當食材準備好之後，扣除掉當天要吃的份量外，其餘的就立刻冷凍起來。這些冷凍備料，就成爲我平時料理的安心食材。新鮮魚肉買來立刻就用調味料醃漬，或是依序沾裹麵粉、蛋液和麵包粉；或者，將豆子浸水一晚泡開後煮成水煮豆。像這樣把費時費力的「麻煩步驟」一次完成，將食材事先做成「冷凍半成品」保存。等到要料理時就能得心應手，屆時一定會慶幸自己有事先做好這些半成品。事先做好與當場準備感覺差很多。但無論如何，材料的事前準備是必要的，因此最重要的是怎麼搭配組合。「小菜搭配」做得好，平時下廚就能游刃有餘。在無力下廚的夜晚，可以切幾片事先做好的水煮雞肉，抹上自製芥末醬一起吃。接著想起了冰箱裡還有醃漬蔬菜，取一些擺在一旁搭配，再加上幾顆番茄，淋上幾滴橄欖油，吃著吃著突然想小酌一杯，於是最後成了一頓愉快的晚餐也說不定。爲了這一天的到來，各位不妨也把冰箱當成百寶箱運用吧。

常備著就不用擔心的冷凍肉丸子

材料 約18顆

A
- 豬絞肉（粗）……350公克
- 板豆腐（剝碎成大塊）……180公克
- 蛋……1顆
- 低筋麵粉……1大匙
- 鹽……少許

麵包粉（細）……約3大匙

作法

1. 將A材料放入大碗中，以手充分抓揉，直到產生黏性。當所有材料混合均勻後，視肉泥的狀態適度添加麵包粉（直到肉泥質地足以用手捏整成丸子狀）。
2. 將肉泥分捏成1顆約40公克的丸子，排放在淺方盆中（剛開始第一顆以磅秤秤出精準重量，之後抓大約相同大小即可）。以保鮮膜確實覆蓋容器，放入冰箱冷凍半天。
3. 將冷凍丸子取出，待表面稍微解凍後，將丸子從容器中一顆顆剝取下來，放入密封袋中冷凍保存。

＊這道冷凍肉丸子非常方便，即使沒有太多時間下廚也不用擔心。加入豆腐和麵包粉不只能讓肉丸子口感更好，也可增加份量，多少能節省一些伙食費。

肉丸子番茄燉菜

……冷凍肉丸子活用術

材料　1人份

冷凍肉丸子（27頁）
……2～3顆
番茄（稍微切碎）……1大顆
青花菜（切成小株）
……約1/3顆
冷凍水煮鷹嘴豆（31頁）
……3大匙
橄欖油……3小匙
鹽、胡椒……各適量
辣椒粉……少許
水……約300毫升
檸檬……1/4顆
麵包……適量

作法

1 燒一鍋熱水，放入青花菜，蓋上鍋蓋燜煮。煮熟後撈起，加入少許鹽和1小匙橄欖油拌勻。
2 將冷凍肉丸子直接放入**1**的煮水中，並加入2小匙橄欖油和辣椒粉，小火蓋鍋煮10分鐘。接著加入番茄和冷凍水煮鷹嘴豆，撒點鹽和胡椒，以不蓋鍋的方式燉煮到番茄化開、煮汁收乾為止。
3 將**1**和**2**盛盤，擠上檸檬汁，搭配烤過的麵包一起吃。

＊冷凍食材和半成品的好處就是，只煮一人份也很方便。這道料理可多加一點番茄，當成義大利麵醬。也可以加入炒香的洋蔥提高醇厚風味。

白菜牡蠣鍋

肉丸子

……冷凍肉丸子活用術

＊這是最能發揮冷凍肉丸子實力的料理。直接以冷凍的狀態覆蓋在白菜底下一起加熱，如此一來無需刻意解凍也能煮熟。牡蠣同樣透過這種方式燜煮出鮮嫩口感。可以減少鹽的用量，改淋上黑醋3：醬油1比例調和的醬汁。或是加點魚露，變成異國風味也不錯。冬天不妨隨時來上一鍋！

材料　2人份

冷凍肉丸子（27頁）……6顆
白菜……中型的1/6顆
牡蠣……8小顆
大蔥……1根
麻油……1小匙
鹽、胡椒……各適量
水……約300毫升
柚子……適量

作法

1. 白菜切成3公分塊狀。大蔥切斜薄片後剝散。牡蠣以流動的水洗去表面黏液。
2. 將冷凍肉丸子直接放入鍋中，加入水，接著蓋上一半份量的白菜，最後撒點鹽。以中火蓋鍋煮約10分鐘。
3. 待**2**的白菜變軟後，加入剩餘的白菜，再覆蓋上牡蠣和大蔥，並撒點鹽。以小火蓋鍋繼續煮7～8分鐘，直到所有食材煮熟。
4. 最後淋上麻油，撒上現磨胡椒，並擠上柚子汁。

輕鬆品嘗蔬菜和豆類的冷凍備料

當季蔬菜或豆類等，只要燙煮到半熟後冷凍保存，之後就能縮短料理時間。可以稍微過滾水解凍後再使用，或是直接以冷凍的狀態運用。家裡如果有壓力鍋，只要把乾燥的豆子煮沸後加壓7～8分鐘，熄火放涼就能直接冷凍保存。

冷凍水煮毛豆

毛豆以鹽水煮過後放涼，直接整個豆莢放入密封袋中冷凍保存。或是剝除豆莢、取出毛豆仁再冷凍保存。

用途→混拌在沙拉、涼拌或白飯中。

冷凍水煮鷹嘴豆

鷹嘴豆300公克(乾燥)以大量的水浸泡半天。泡開後撈起放入厚底鍋中，重新注入蓋過豆子份量的水，煮30～40分鐘。熄火放涼後瀝乾，放入密封袋中冷凍。經過半天結凍之後，取出剝成塊狀，再放置冷凍保存。

用途→作為煮物、咖哩、西式燉物、炒物、沙拉等的配料。

冷凍水煮紅豆

紅豆300公克(乾燥)與大量的水一起煮，過程中隨時加水，煮到紅豆變軟為止。煮好後撈起瀝乾，平鋪在淺方盆中。撒上1小匙鹽輕輕拌勻，注意保留紅豆的完整。放涼後放入密封袋中冷凍。待表面結凍後取出剝成塊狀，再冷凍保存。

用途→與南瓜或芋頭一起做成煮物。或是加入黑糖或紅糖，煮成紅豆湯。也可以點綴在香草或抹茶冰淇淋上。

冷凍水煮玉米

玉米以滾水煮3分鐘，撈起稍微放涼後，用刀子削下玉米粒，或是用手剝。撒點鹽後放入密封袋中冷凍。經過半天結凍後，取出剝成塊狀，再放置冷凍保存。

用途→混拌在沙拉、湯品、炒物、涼拌或白飯中。

冷凍水煮白腰豆

白腰豆300公克(乾燥)以大量清水浸泡半天，泡開後撈起放入厚底鍋中，重新注入蓋過豆子份量的水，煮30～40分鐘。熄火放涼後瀝乾，放入密封袋中冷凍。待表面結凍後取出剝成塊狀，再放置冷凍保存。

用途→加入西式燉物中稍微煮過，豆子會吸附濃稠醬汁，更添香醇風味。也能加進沙拉中當配料。

……冷凍豆子活用術

白腰豆蔬菜湯與水煮麥片

材料　4人份

冷凍水煮白腰豆（31頁）
……約100公克
紅蘿蔔……1根
馬鈴薯（具黏性、不易煮爛的品種，如五月皇后）
……中型的2顆
高麗菜……約1/5顆
四季豆……5～6根
培根（切片）……5片
百里香……1根
橄欖油……2大匙
鹽……適量
麥片……1杯
大蒜……1小瓣
水……約500毫升

作法

1 紅蘿蔔切成0.5公分厚的半圓片。馬鈴薯去皮後，切成適當大小的塊狀。高麗菜切成適當大小。四季豆和培根切成3公分長段。

2 鍋子裡放入水、紅蘿蔔、高麗菜、培根和百里香，接著加入一半份量的橄欖油，加點鹽後，以中火蓋鍋加熱。沸騰後轉小火煮約15分鐘。

3 趁著煮蔬菜的時間燙煮麥片。將麥片洗淨放入鍋中，並放入整瓣帶皮的大蒜，注入蓋過食材的水（份量外），以中大火加熱。沸騰後將火稍微轉小，保持微沸騰而不滾溢的狀態，煮到麥片膨脹、變軟為止。熄火後倒掉煮水，蓋上鍋蓋靜置。

4 將馬鈴薯和四季豆加入**2**的鍋中，稍微拌勻後蓋鍋續煮約15分鐘。最後加入冷凍水煮白腰豆，淋上剩餘的橄欖油，撒點鹽，將水加至蓋過食材，蓋鍋以小火再燉煮約10分鐘。最後加鹽調味。

5 將煮好的**3**和**4**一起盛盤。

＊這道湯的湯底如果改用生火腿塊來煮，就成了法國西南部的卷心菜濃湯（garbure）。雖然有著強烈的火腿或培根風味，但主角還是蔬菜。尤其絕對少不了高麗菜，是整道湯的關鍵。麥片煮到鬆軟、帶點大蒜風味，吃起來較有口感，非常美味。偶爾用點清淡的湯品慰勞疲憊的身體也不錯。

可嘗到新鮮魚肉的冷凍備料

買到新鮮的魚，不妨先一次處理好、冷凍保存。
生活忙碌時還要處理新鮮生魚，實在是件麻煩的事。但只要像這樣事先做好部分前置作業，平時就能直接用來煎烤或燉煮，輕鬆享受美味的魚料理。

冷凍鹹鱈魚、鹹鮭魚

新鮮鱈魚或鮭魚魚片去除魚皮和魚骨，切成3～4等份。以魚肉總重2%的鹽抓揉，每一片分別以保鮮膜包好，放入密封袋中冷凍保存。

用途→加入湯品中作為簡單的主菜。鱈魚適合搭配白花椰菜或馬鈴薯等白色蔬菜。鮭魚可以和馬鈴薯、洋蔥一起以牛奶燉煮成北歐風味的鮭魚湯（lohikeitto）。

冷凍鮮魚活用術……

甘酒醬燒沙丁魚定食

甘酒醬燒沙丁魚
將冷凍的甘酒醬油漬沙丁魚（右記）直接以烤網烤至表面上色，再撒上辣椒粉。

醋漬洋蔥
洋蔥絲（中型1顆：4人份）淋上壽司醋（3大匙）和少許鹽，抓揉至洋蔥入味變軟。搭配沙丁魚一起盛盤，最後撒上現磨胡椒。

橄欖油拌吻仔魚白蘿蔔泥
白蘿蔔泥上擺放大量清燙吻仔魚，淋上橄欖油和幾滴醬油。

梅肉水芹清湯
柴魚昆布高湯中加入一點點醬油，放入水芹和剁碎的梅肉，稍微煮滾即完成。

＊鹹甜風味的沙丁魚會令人不禁白飯一口接一口。這裡搭配的是加了一成焙煎糙米（49頁）一起炊煮的糙米飯。

迷迭香風味冷凍秋刀魚

秋刀魚去除內臟後切成2段，以魚肉總重2%的鹽搓揉醃漬。在魚肚裡塞入迷迭香和蒜片，以保鮮膜包起來，放入密封袋中冷凍保存。

用途→拍點麵粉後放入平底鍋中油煎。或是表面抹油後以烤網烤熟。吃起來口味不同於鹽烤，屬於西式風味。

冷凍甘酒醬油漬沙丁魚

1條沙丁魚搭配甘酒（日本傳統濁酒）1.5小匙：醬油1.5小匙的比例醃漬（醃醬份量可多於魚的數量）。將去除頭尾的沙丁魚以流動清水洗淨後確實擦乾。在保鮮膜上鋪少量醃醬，擺上沙丁魚，並於魚肚內側及魚身表面抹些許醃醬後，將保鮮膜包好。每一條魚都分別包好後，放入密封袋冷凍保存。

用途→以烤網烤至微焦上色。適合搭配辣椒品嘗。

冷凍香草旗魚

旗魚片稍微抹點鹽，再薄薄撒上一層概略磨碎的普羅旺斯香料。將魚一片片以保鮮膜分開包好，放入密封袋中冷凍保存。

用途→表面抹油以烤網烤熟。或放入油鍋中蓋鍋悶煎，待六、七分熟後再翻面煎熟。吃之前再擠點檸檬。

冷凍麵包粉鰹魚

將生魚片用的鰹魚片切成1公分厚斜片，依序撒上少許鹽、麵粉、蛋液、細磨乾麵包粉。將每一片魚肉分別以保鮮膜包好，放入密封袋冷凍保存。

用途→沾裹細磨麵包粉的魚片吃起來屬於義式風味。以橄欖油半煎炸的方式料理，油的用量要比炸物少、比煎物多。

冷凍鮮魚活用術

米蘭風味炸鰹魚

材料　4人份

冷凍麵包粉鰹魚（35頁）……8片
香菇（大朵肉厚實的）
……10～12朵
糯米椒……1包
大蒜……1大瓣
鹽……適量
橄欖油……2大匙
植物油……2大匙
帕瑪森乳酪……60～80公克
甜醋漬小番茄（13頁）……8顆

作法

1 香菇切除蒂頭後對半縱切。糯米椒以刀尖在表面輕輕劃刀。

2 平底鍋中放入橄欖油及植物油各1大匙，小火熱鍋後，將冷凍麵包粉鰹魚直接放入鍋中煎炸。過程中不時傾斜鍋身，將鍋底的油舀起澆淋在魚片上。煎炸至兩面完全上焦色為止。

3 趁著魚片翻面後，另取一支平底鍋，放入切對半的帶皮大蒜，以及橄欖油和植物油各1大匙，以小火加熱。大蒜炒香後，將香菇切面朝下放入鍋中，撒點鹽乾煎。香菇上色後翻面，並加入糯米椒和些許鹽，稍微調大火力煎熟。

4 將**2**、**3**和甜醋漬小番茄一起盛盤，最後撒上大量現磨的帕瑪森乳酪。

＊這道煎炸鰹魚排的靈感來自米蘭的知名料理炸小牛肉排，因此在口味上屬於米蘭風味。乳酪是最後直接撒在剛炸好的魚排上，而非混合在麵包粉中用來裹粉，所以香氣更勝，扮演了添增食欲的角色。可以的話最好分成兩個平底鍋來料理，若只做1～2人份，也可用一支大平底鍋同時進行。這道魚排搭配24頁的番茄醬風味番茄醬料也很適合，可做成鰹魚排三明治。適合搭配的湯品則請參照99頁。

鹽是成就味道的關鍵

料理時，鹽不必一次下完。聽我這麼說，很多人一定會感到驚訝。事實上，料理的調味可以分成好幾個階段來進行。這是因爲料理不同於做甜點或麵包，可以在製作過程中隨時補充不足的味道。料理前先做基本調味，料理時再稍微補足味道，煮好之後若覺得味道還是不夠，只要吃的時候再加一小撮鹽就行了。味道清淡的料理加鹽更有畫龍點睛之效，例如最單純的清燙蔬菜，燙煮時刻意不加鹽，完成後再撒一撮鹽，味道立即變得鮮明。還可以再加點檸檬等酸味或胡椒的辣味，做出各式各樣的風味變化。

鹽只要配合每一次不同的料理，小心不過度添加就可以了。鹽可以左右料理的成敗甚至食欲，鹹度不夠的料理是嘗不出美味的。蔬菜只要以鹽抓揉，就會好吃得讓人一口接一口。鹽漬魚肉或肉類經過燉煮或煎炸，被緊緊鎖在食材裡的鮮味也會慢慢釋放到表面，使料理產生滋味。

正因爲鹽扮演了如此重要的角色，因此調味時只要盡可能小心謹慎，大概都能成功做出美味料理。

洋蔥番茄日常清湯

材料　4人份

洋蔥……1大顆
番茄……2小顆
紅蘿蔔……1小根
培根（片）……4片
巴西利莖……2～3根
大蒜……1小瓣
鹽、胡椒……各適量
橄欖油……1大匙
檸檬（片）……4片
檸檬汁……約1/4顆
水……適量

作法

1 洋蔥對半縱切後再切薄片。紅蘿蔔切成1公分厚圓片。番茄切對半。
2 鍋子裡放入洋蔥、紅蘿蔔、培根、巴西利莖和整瓣帶皮大蒜，注入蓋過食材的水，以中火加熱至沸騰後。加點鹽後，蓋鍋以小火煮約20分鐘。
3 煮至食材變軟後，加入番茄及一半份量的橄欖油，並添水至蓋過食材，放入檸檬片，蓋上鍋蓋煮到再次沸騰。
4 以鹽調味，再續煮8～10分鐘。最後加入剩餘的橄欖油及檸檬汁拌勻即完成。盛入容器中，品嘗前撒上現磨胡椒。

＊培根可以為番茄、洋蔥和橄欖油一同熬煮的高湯添增些許香氣。檸檬片有著酸味和淡淡的苦味。湯的甜度則來自洋蔥與紅蘿蔔，與最後的檸檬汁和胡椒形成對比。可一次做好幾倍的份量，連續喝上幾天。

清燉鹽漬豬肉

材料　5～6人份

豬肩里肌肉（塊狀）
……約700公克
鹽……豬肉總重的2%
洋蔥……2顆
大蒜……1大瓣
迷迭香……2根
冷凍水煮鷹嘴豆（31頁）
……約150公克
橄欖油……2大匙
水……約2公升

作法

1 豬肩里肌肉表面以鹽搓揉，放入密封袋中冷藏鹽漬半天以上。
2 取出**1**的豬肉，擦乾表面鹽分及水分，分切成每塊約50～60公克的大塊。
3 鍋子裡放入豬肉塊和水，中火煮滾後稍微將火轉小，撈除浮沫，保持微滾的狀態燉煮約50分鐘，直到豬肉變軟。
4 洋蔥切成8等份的月牙形，放入**3**的鍋中。接著放入大蒜、折斷成適當長度的迷迭香、橄欖油。試味道並以鹽（份量外）調味後，蓋上鍋蓋、保留小縫隙，繼續燉煮約20分鐘。過程中視狀況隨時加水（份量外）。
5 等到所有食材都入味、變得軟嫩後，將冷凍水煮鷹嘴豆直接加進來，再煮約10分鐘即完成。

＊鹽漬肉塊慢慢燉煮，肉裡頭的鹹味會慢慢釋放。大量使用洋蔥是這道湯美味的關鍵。鷹嘴豆事先水煮後冷凍保存，在這種時候使用起來就非常方便。這道燉肉可一次做多一點，第一次品嘗原味，第二次變化成咖哩風味，第三次再變成番茄口味等，愉快的享受不同風味。

淺漬苦瓜

苦瓜1條對半剖開，去除籽囊後切薄片，以½小匙鹽抓揉入味。注意別將苦瓜抓爛了。

用途→拌小魚乾，或當成香辛料加在涼麵醬汁裡。或是和鮪魚、番茄拌勻，撒在涼麵上當配料。

淺漬高麗菜

高麗菜切成1公分寬，撒上鹽（1/4顆扎實的高麗菜約使用1小匙的鹽）稍微拌勻之後，以抓握的方式確實抓揉。

用途→簡單擠上一點檸檬汁，就是一道適合搭配咖哩的小菜沙拉。或是加一小撮印度綜合香料和辣椒粉，作成印度風味的沙拉。

淺漬小黃瓜

小黃瓜可以切薄片，也可以用擀麵棍稍微敲斷就好。在表面緊密劃上斜刀，翻面重複同樣步驟，使小黃瓜呈蛇腹狀。接著撒上些許鹽抓揉入味，注意不要將小黃瓜抓爛了。

用途→可直接吃，或加在沙拉裡。雖然不像淺漬苦瓜具獨特風味，但好處是味道樸實百吃不膩。

淺漬蘘荷

蘘荷切對半，以鹽（半個蘘荷約加一小撮的鹽）抓揉後，放入密封袋中冷藏至入味。或者，保留根部、將蘘荷切薄片再醃漬，視覺上也很美。這時候只要撒鹽稍微拌勻即可。

用途→直接吃或拌油，或切碎拌飯也可以。也能改用米糠來醃漬。

涼拌豆腐佐三款淺漬蔬菜

……淺漬蔬菜活用術

簡單將淺漬蘘荷、小黃瓜、苦瓜(42頁)擺在嫩豆腐上，淋上少許麻油及黑醋，再撒點黑芝麻即完成。

＊利用配料來增加份量，使涼拌豆腐看起來就像是沙拉一樣豐盛。再搭配番茄，就是一道冰涼的夏日料理。在不想下廚的大熱天，毫不費力就可以輕鬆完成。

淺漬高麗菜沙拉

……淺漬蔬菜活用術

將淺漬高麗菜(42頁)稍微擰乾水分，淋上橄欖油及白酒醋拌勻。半熟蛋切對半，淋上美乃滋，和卡門貝爾乳酪一起擺在高麗菜上即完成。吃之前撒上現磨黑胡椒。

＊搭配烤麵包和湯品，可作為消夜或週末的早午餐。

米飯相伴的生活

比起麵包，基本上我通常都是吃米飯，尤其經常吃糙米。我並不堅持一定非糙米不吃，喜歡的理由單純只是因爲好吃。品嘗糙米的時節主要集中在秋季至春季，以土鍋或壓力鍋來炊煮。夏天則改吃五分米或七分米（指碾製程度，去除50％或70％的米糠和胚芽）、胚芽米等。就連吃白米，也會想加點茶褐色或有顏色、帶香氣的東西一起煮。我對糙米十分感興趣，經常研究各種糙米料理。例如製作焙煎糙米可以安定心情，就算得花比較多時間製作，也一點都不覺得累。如此慢火焙煎出來的糙米，加上比一般煮白米更多的水分一起炊煮後，鬆軟濕潤的口感，簡直讓人不敢相信是糙米。焙煎糙米的獨創作法是我在運用糙米製作湯底材料時的意外收穫，它讓我對糙米完全改觀。

在米裡添加雜糧或黑豆一起炊煮，搭配少量小菜，如此簡單的一餐，卻能感到十分飽足，實在很不可思議。有時候錯過用餐時間，比起甜食或麵包，總是不禁會想吃點米飯。或許是因爲米飯讓人有「用餐」的感覺吧。愈習慣吃米飯，漸漸會覺得只要有米飯，生活就能繼續往下走。

土鍋雜糧炊飯飯糰

材料　3～4人份
米……2杯
多穀雜糧……1/2杯
焙煎黑豆……20粒
水……3杯
鹽……少許

作法

1 米洗淨，泡水約30分鐘後瀝乾。
2 土鍋裡放入1、多穀雜糧、焙煎黑豆和水，蓋上鍋蓋以中火加熱。沸騰後趁尚未滾溢前轉小火，繼續炊煮18～20分鐘，將雜糧飯煮至鬆軟。
3 煮好後稍微拌勻，蓋上鍋蓋燜7～8分鐘。最後雙手沾鹽，將雜糧飯捏成飯糰。

豆腐水雲味噌湯

材料　3～4人份
板豆腐……1/2塊
鹽漬水雲（褐藻）……適量
田舍味噌……適量
柴魚高湯……約600毫升

作法

1 將鹽漬水雲泡水去除鹽分後瀝乾，切成細末。豆腐切大塊。
2 鍋子裡放入柴魚高湯和1稍微加熱，最後溶入味噌。

＊飯糰是品嘗米飯美味最直接的方法。搭配的淺漬小菜是薄片蕪菁，將切成薄片的蕪菁以昆布、鹽、甜菜糖稍微抓揉即完成。若再搭配筑前煮（九州北部的鄉土料理）等煮物，以及佐以大量白蘿蔔泥的烤魚，就是一套豐盛的一湯三菜定食。

焙煎糙米雞肉炊飯

焙煎糙米雞肉炊飯

材料　4人份
半隻雞……1小隻（或2隻帶骨小雞腿）
焙煎糙米（49頁）……1～1.5杯
薑汁……2小匙
鹽、胡椒……各適量
橄欖油……適量
水……約2公升
水芹……2把
檸檬……適量

作法

1 雞肉以1小匙鹽搓揉，放入密封袋中冷藏5～6小時。
2 擦乾**1**表面的水分和鹽分後，放入鍋中，加水以中火煮至沸騰。接著轉小火，撈除浮沫後，蓋上鍋蓋、保留一些縫隙，以小火續煮30～40分鐘。待雞肉完全煮熟後撈起。
3 取3杯**2**的煮汁（不夠的部分以水補足），加鹽調味。
4 將**2**的雞肉放入厚底鍋中，周圍以焙煎糙米將肉圍住。注入2杯**3**的高湯，蓋上鍋蓋以中火加熱。沸騰後轉小火，繼續炊煮約20分鐘。
5 接著在**4**中加入**3**剩餘的高湯1杯，小火蓋鍋再煮約20分鐘。過程中用木杓翻動鍋底糙米，快燒焦就少量添加**2**的煮汁或水（份量外）。等到焙煎糙米煮到膨脹鬆軟即完成。最後淋上薑汁。
6 雞肉去骨、將肉剝散，與糙米飯一起盛盤。擠上檸檬汁，撒點鹽和橄欖油，一旁搭配切段的水芹。也可依喜好撒上現磨胡椒。

＊這是一道口感鬆軟、燉飯風味的焙煎糙米炊飯。第一次做這道炊飯時，不禁感動糙米實在太美味了！焙煎過的香氣與炊煮後的鬆軟口感，是至今嘗過最鬆軟的糙米飯。由於糙米事先乾煎已經揮發水分，因此料理時的祕訣就在於分2～3次添加高湯，使米粒慢慢吸收。鍋裡的雞肉慢慢地被逐漸膨脹的米粒埋沒，這景象想必各位沒見過吧？週末就以這道炊飯來招待親友品嘗吧。

焙煎糙米

作法

1 將糙米（方便製作的份量約2杯）平鋪在乾淨、無油的平底鍋（直徑24～26公分）中，以中火靜置加熱1～2分鐘。這時糙米會開始發出滋滋聲響，鍋緣的糙米表面也會漸漸轉白。這時候以木杓輕拌米粒，並將火力調弱，繼續焙煎至米粒上色、散發香氣為止。過程中視米粒狀況不時翻動。等到部分米粒變白、整體呈美味焦色便可熄火。

2 在平面濾網上鋪上紙巾，將**1**攤平放涼。若不馬上料理，須放置密封容器中保存。

＊這道焙煎糙米看似步驟麻煩，但經過炊煮會變得十分鬆軟，無論煮成粥或加在湯裡頭，都是極具飽足感的活力來源。用剩的部分，只要以白米或胚牙米1～2成的份量加在一起炊煮，就能煮出香氣十足的美味米飯。

中式油飯

夏蔬沙拉散壽司

中式油飯

材料　4～5人份

米……1杯
糯米……1杯
乾香菇……3朵
蝦仁……10公克
水煮筍子……中型的1支
A
- 醬油……1大匙
- 鹽……少許
- 麻油……1/2小匙
- 味醂……2小匙

黑芝麻……1大匙
萵苣……1顆
綠紫蘇……20片

作法

1. 將米和糯米混合洗淨，泡水約30分鐘之後撈起瀝乾。
2. 乾香菇切除蒂頭，與蝦仁一起浸泡於蓋過食材的溫水中約1小時。泡開後瀝乾水分，將香菇切成薄片。水煮筍子切成適當大小的薄片。
3. 將**1**放入鍋中，再加入**2**的備料及調味料A。將**2**泡香菇蝦仁的水加水補足至2.2杯（米的1.1倍），倒入鍋中，以中火蓋鍋加熱。沸騰後將火調弱至不溢鍋的狀態，續煮15～20分鐘。煮好後稍微拌勻，撒上黑芝麻，蓋上鍋蓋燜8～10分鐘。
4. 取剝開的萵苣葉，擺上切對半的綠紫蘇，再包入**3**煮好的油飯一起品嘗。

＊比起完全用糯米炊煮，加了白米的油飯吃起來較清爽不膩。油飯裡加入豬肉和水煮蛋可以增加份量變得更豐盛，但分開料理也是另一種方法，可以依喜好包著蛋一起吃，或是將炒豬肉或雞肉當配料搭配著一起品嘗。萵苣切除中間的菜芯後將葉片剝開，再重疊組合盛盤，十分好看。

夏蔬沙拉散壽司

材料　4～5人份
米……2杯
水……2杯
調味醋
- 檸檬汁……3大匙
- 米醋……3大匙
- 甜菜糖……2小匙
- 鹽……約1/4小匙

小黃瓜……1根
苦瓜……1/3根
番茄……1小顆
紅甜椒……1/2顆
蘘荷……5～6個
綠紫蘇……5～6片
毛豆……無調味4大匙
乾燥腐皮……15公克
梅子昆布醋（25頁）……3大匙
鹽……適量
焙煎白芝麻……1大匙略多

作法

1 米以同等量的水煮成口感帶硬的米飯。將調味醋的材料混合、攪拌至完全溶解。乾燥腐皮剝碎，快速過滾水後撈起瀝乾。
2 將煮好的米飯倒入米筒或大碗中，淋上一半份量的調味醋拌勻。加入腐皮再稍微拌勻後放至微涼。
3 小黃瓜切薄片，苦瓜去除籽囊後也切成薄片。番茄切小塊，紅甜椒切成短薄片。蘘荷斜切成薄片，綠紫蘇稍微切碎。毛豆以鹽水汆燙，剝除豆莢。
4 將**3**的所有配料放入另一個大碗中，淋上剩下的調味醋與梅子昆布醋拌勻，最後以鹽調味。
5 將**2**盛入大盤中，把**4**的配料隨意擺放在米飯上，再將碗中剩餘的醋汁淋在上頭，最後撒上白芝麻即完成。

＊以些許酸味調味的白飯，搭配酸度十足的沙拉。如同「沙拉散壽司」的名稱，希望大家能用吃沙拉的心情來品嘗這道壽司料理。也可以加入水煮蝦或花枝、章魚等增添豐盛。醋的調製只要以平常使用的醋加上檸檬汁，就能使酸味變得更有層次。

日常蔬菜的創新作法

外來種的西洋蔬菜雖然種類豐富又稀少珍貴，但我還是喜歡一般的日常蔬菜。無庸置疑，我絕對是日常蔬菜的擁護者。

馬鈴薯、茄子、蓮藕、芋頭等，透過料理會愈顯滋味，非常適合天天吃。但事實上，這些蔬菜也有不同的料理新面貌。這是某一次我突發奇想，用芋頭做成馬鈴薯泥時的新發現。例如色彩鮮豔的甜椒無論煎炒或燉煮，完全不影響它的鮮豔色澤，加上因爲是西洋蔬菜，看起來也比較新潮。但相對於此，蔬菜中尤其是根莖類，可說是一般蔬菜的代表，做成關東煮或燉菜、蔬菜湯等料理，雖然是熟悉的味道，但因爲作法太平常了，很難讓人感受到新的吸引力。雖然不需要去改變這些常見的料理，但我想追求的是另一種全新的可能性。

仔細聆聽蔬菜的心聲（邊洗邊試著傾聽）會發現，只要味道適合蔬菜本身特性，任何的新創意都有嘗試的可能。既然如此，於是我拋開熟悉的作法，又是煎炒又是搗碎、過油地，也從其他國家的地方料理中尋求靈感，研究出更多樣化且美味的常見蔬菜的料理。有時做成配菜，有時則當成主菜，以全新的面貌端上桌品嘗。下回再來研究研究把牛蒡變成山藥或大蔥好了。

比利時風味薯泥

檸檬
奶油
焗馬鈴薯

新粉吹芋
馬鈴薯

新粉吹芋馬鈴薯

材料　方便製作的份量

馬鈴薯（選用口感較鬆軟易熟的品種，例如男爵馬鈴薯）……4顆
橄欖油……2大匙
鹽……少許

作法

1 馬鈴薯去皮，切成3～4公分塊狀，稍微泡水後撈起瀝乾，放入鍋中並注入蓋過馬鈴薯的水，以中火加熱。沸騰後將火力稍微調弱，續煮至馬鈴薯變軟為止。

2 待馬鈴薯煮軟之後，傾斜鍋身倒掉煮水，在馬鈴薯上撒鹽、淋上橄欖油。轉中大火，以木杓邊煮邊攪拌，使水分蒸發。待馬鈴薯表面呈粉碎狀便完成。

＊我一直在思考，有沒有方法可以讓粉吹芋馬鈴薯變得美味。最後想到的便是這個作法。可能因為加了大量橄欖油，馬鈴薯吃起來口感濕潤，味道也變得更好了。放涼了也不用擔心變乾，可以直接當成配料吃，運用上更方便了。各位以後在做粉吹芋馬鈴薯時，千萬別忘了加點橄欖油喔。

比利時風味薯泥

材料 方便製作的份量

馬鈴薯（男爵品種）……4顆
紅蘿蔔……1小根
青花菜……1/2大顆
培根……40公克
鹽……少許
橄欖油……2大匙
奶油（無鹽）……30公克

作法

1 馬鈴薯去皮，切成3～4公分塊狀，稍微泡水後撈起瀝乾。紅蘿蔔切成0.5公分厚的半圓片。青花菜切成小株後再切碎，莖的部分削去厚皮，切成圓片。
2 將**1**放入鍋中，注入蓋過7成食材的水，加入鹽和橄欖油，以中火蓋鍋燜煮。
3 趁著燜煮的時間，將培根切成厚長段，以平底鍋中小火炒至微焦。
4 待**2**的蔬菜完全煮熟後，加入奶油，以不至於燒焦的較大火力續煮，並用打蛋器邊煮邊將蔬菜搗碎、拌勻。待鍋中水分蒸發，蔬菜大致搗碎、整體均勻入味後便可熄火。
5 將**4**盛盤，淋上**3**的培根及煸炒出的油脂。

＊這道薯泥名叫「stoemp」，是我在比利時學到的傳統家常菜。據說在荷蘭也有類似的料理。不過這道食譜的奶油用量更多，作法也和傳統稍有不同。但步驟簡便又有飽足感，是一道非常方便的料理。除了紅蘿蔔跟青花菜之外，也能用豌豆或白花椰菜、蠶豆、四季豆、毛豆、玉米等，藉著搭配組合吃到充足的當季蔬菜。

檸檬奶油焗馬鈴薯

材料 方便製作的份量

馬鈴薯（五月皇后品種）
……中型的4顆
A
- 檸檬（片）……4片
- 檸檬汁……約1/2顆
- 奶油（無鹽）……50公克

鹽……少許

作法

1 馬鈴薯去皮後放入鍋中，注入大量蓋過食材的水，以中火加熱。沸騰後加入鹽，將火調弱，蓋鍋續煮到馬鈴薯可用竹籤刺穿為止。
2 倒掉部分煮水，只保留少許。接著加入A拌勻，並以鹽調味。以小火邊加熱邊搖動鍋子，使馬鈴薯均勻裹上檸檬汁和奶油。待所有馬鈴薯沾裹均勻、煮汁變稠即可熄火。

＊奶油加檸檬汁一起煮會產生醇厚且帶有酸味的特殊風味。當馬鈴薯邊緣稍微粉碎、整體呈濃稠的鵝黃色時，就是起鍋的最好時機。也可以增加奶油和煮汁（醬汁）的份量。馬鈴薯塊的大小可依各人喜好切成小塊，或是切大塊，煮好之後再另行運用。

中東風味炭烤茄子

清蒸茄子
佐醬油味噌米麴

橄欖油烤茄子

中東風味炭烤茄子

材料　2～3人份
茄子……6小顆
番茄……1小顆
A・冷凍水煮鷹嘴豆（31頁）……2～3大匙
　冷凍水煮毛豆（31頁）……2～3大匙
　冷凍水煮玉米（31頁）……2～3大匙
B・檸檬汁……1/3顆
　橄欖油……2小匙
　鹽……少許
咖哩粉……1小撮
孜然……1小匙
原味優格……約3大匙
鹽、橄欖油……各適量
辣椒粉……少許
麵包……適量

作法

1. 茄子以烤網直火慢烤，過程中不時翻動。烤到表皮焦黑、開始剝裂，就移至淺方盆中，蓋上保鮮膜燜蒸。待茄子冷卻到不燙手時，剝去蒂頭與外皮，將茄子撕成粗段。滲出的烤汁以濾茶器過濾，淋在茄子上，並加入少許鹽、橄欖油1大匙、咖哩粉一同拌勻。
2. 將A分別以大量滾水稍微清燙後混合，加入B拌勻。
3. 孜然以平底鍋小火炒香。
4. 容器裡盛入**1**、**2**、番茄塊，以及混合了1小撮鹽的優格。撒上**3**和辣椒粉，淋上1大匙橄欖油，最後搭配烤過的麵包一起品嘗。

＊利用孜然、紅辣椒、橄欖油和檸檬，就能創造出中東風味。再加上咖哩粉添增口味層次，最後再以優格的酸和番茄將整體味道融為一體。事先常備幾道冷凍水煮豆或蔬菜，像這樣要用的時候就很方便。或者只添加一種豆類或蔬菜也可以。

橄欖油烤茄子

材料　4人份
茄子……2大顆
松子……滿滿1大匙
核桃（切碎）……3顆
葡萄乾……1大匙
鯷魚巴西利橄欖油（24頁）
……24頁份量的1/3 ～ 1/2
橄欖油……適量
鹽……少許

作法
1 松子以平底鍋小火焙煎上色。中途加入核桃一起焙煎，趁焦黑前取出。
2 混合**1**和葡萄乾，加入鯷魚巴西利橄欖油、橄欖油1大匙拌勻。
3 茄子切除蒂頭尖端，削去蒂頭上的細刺後，將茄子切對半。平底鍋加熱橄欖油2大匙，接著加入鹽，將茄子以切面朝下擺入鍋中。以中火加熱將茄子煎到呈焦色，避免出水。翻面後繼續煎到茄子中心變軟為止。
4 將**3**煎好的茄子盛盤，淋上大量的**2**一起品嘗。

＊茄子連著蒂頭一起煎也很美味。搭配的是鯷魚巴西利橄欖油加上松子、核桃和葡萄乾的豐盛淋醬。

清蒸茄子佐醬油味噌米麴

材料　2人份
茄子……4 ～ 5小顆
鹽……少許
醬油味噌米麴（25頁）
……約3大匙

作法
1 茄子切除蒂頭，剝掉部分外皮，使表面呈條紋狀。再將茄子切對半，稍微泡水後撈起瀝乾，放入冒蒸氣的蒸籠裡，撒上鹽，以大火蒸約5分鐘。
2 茄子蒸好後盛盤，淋上醬油味噌米麴。

＊清蒸茄子淋上醬油味噌米麴，口味十分下酒。茄子短時間清蒸可以保留外皮顏色及清脆的口感。切絲或切圓片再蒸，視覺上也很好看。若喜歡香醇的風味，可以再淋上些許麻油。

烤芋頭

乾煎蒜香芋頭栗子

簡易焗烤芋頭

乾煎蒜香芋頭栗子

材料　4人份
小芋頭……6～8顆
栗子……12～16顆
大蒜……1大瓣
橄欖油……3～4大匙
鹽……適量
巴西利（切粗末）……2根

作法
1　栗子事先泡水1小時後，在鍋中重新注入新的水，放入栗子煮約10分鐘，熄火後蓋上鍋蓋約1小時。接著趁溫熱用刀子剝去外皮（保留些許內層薄膜），表面縫隙中的粗膜也要去除乾淨。
2　芋頭以鬃刷刷去表面髒汙，加入蓋過的水煮到可用竹籤刺穿。趁熱剝去外皮，切對半。
3　大蒜整瓣帶皮切對半，以切面朝下放入平底鍋中，加入一半份量的橄欖油，以小火煎至蒜瓣上色、散發香氣後，將**2**的芋頭也放入鍋中。調大火力，撒點鹽，將芋頭煎至表面微微上色，過程中不需過於翻動。接著加入**1**的栗子，從鍋邊淋上剩餘的橄欖油，撒點鹽，稍微搖動鍋子、使鍋中食材均勻沾裹上油後，靜置不動，煎到表面確實上色。
4　等到栗子表面薄膜變乾硬、芋頭上焦色後，加入巴西利末稍微拌勻即可熄火。盛盤後撒上些許鹽。

＊小芋頭切對半，乾煎到外觀就和栗子一樣呈焦色。由於盛盤後會再加鹽，因此料理過程中鹽只要分次、少量添加即可。栗子稍微燙煮過再趁熱剝殼，會比較容易。剝的時候保留一點內層薄膜，之後再用大量的油煎到焦脆，是美味的關鍵。

烤芋頭

材料　方便製作的份量
小芋頭……10～12顆
鹽……少許
胡椒……適量

作法
1　小芋頭以鬃刷刷去表面髒汙，洗淨後不需擦乾，直接用鋁箔紙包起來。放入預熱至攝氏200度的烤箱中烤40～50分鐘。等到芋頭可用竹籤刺穿便取出。
2　趁熱剝去外皮（留意別燙傷）後盛盤。撒上鹽和大量現磨胡椒。

＊這是品嘗芋頭風味最簡單、最直接的方法。芋頭的水分會在烘烤過程中揮發、將甜度緊緊鎖住。淋上風味橄欖油或搭配乳酪，非常適合搭配葡萄酒一同品嘗。若要做成日式風味，可以淋上些許麻油和醬油，再裹上少許薑泥。或是用柑醋、芥末醬等來調味也很適合。

簡易焗烤芋頭

材料　方便製作的份量

小芋頭……4大顆
鹽……少許
奶油（無鹽）……約50公克
辣椒粉……少許
植物油……少許

作法

1 芋頭以鬃刷刷去表面髒汙後洗淨，放入鍋中以大量清水煮軟。趁熱剝去外皮，每顆切成3～4大塊，撒上鹽，以叉子壓碎。保留些許塊狀沒關係。
2 在耐熱皿中抹上植物油，放入1的芋頭鋪平。奶油剝成碎塊撒在芋頭上，放入預熱至攝氏220度的烤箱烤20～30分鐘，直到表面呈金黃焦色。出爐後撒上辣椒粉即可。

＊這道焗烤只用了芋頭，沒有拌入其他食材，因此芋頭必須煮到口感綿滑濕潤。芋頭吃起來鬆軟且帶有奶油香氣，無需再加鮮奶油或乳酪就很美味。若覺得風味不足，不妨將培根切碎，與奶油一起撒在芋頭上焗烤。

乾燒魚露蓮藕

材料　方便製作的份量

蓮藕⋯⋯細的2節
魚露⋯⋯約1大匙
太白麻油⋯⋯1.5大匙

＊香氣和單純樸實的食材原味，讓人邊做不禁想著一定要配酒一起品嘗。金黃焦色與香醇的魚露風味，再加上零嘴般的口感，肯定讓愛喝酒的人一口接一口。我通常會在蓮藕片上擺放大量白蘿蔔泥，搭配白飯一起吃。

作法

1 蓮藕帶皮切成薄圓片，稍微泡水後撈起，確實瀝乾。
2 平底鍋裡放入1大匙太白麻油加熱後，將蓮藕以交錯重疊的方式擺入鍋中靜置加熱。等到貼近鍋底的一面上色後，將整鍋蓮藕翻面（可用鍋蓋或盤子輔助）。接著從鍋緣淋上剩餘的麻油，煎到上色為止。起鍋前淋上魚露，搖晃鍋子，使魚露均勻沾裹在蓮藕上，再一次翻面略煎之後即可盛盤。

巴薩米克醋風味煮蓮藕

材料　方便製作的份量

蓮藕……細的3～4節
鹽……少許
巴薩米克醋（熟成款）
……約5大匙
醬油……1小匙

＊這是一道以巴薩米克醋為主要調味、風味單純而醇厚的煮物。保留了蓮藕的外形與口感。另外還加了些許醬油，口味上既不是純日式，也稱不上西式（或者也可說是日式也是西式），因此作為日式小菜，或搭配西式的肉類料理都很適合。

作法

1. 蓮藕去皮後切成1.5～2公分厚圓片，稍微泡水後撈起瀝乾，放入鍋中。鍋裡注入大量清水，以中火加熱。沸騰後將火調弱，加鹽繼續煮約20分鐘。切一小塊試吃，當蓮藕口感變軟後，將鍋中煮水倒到只剩蓮藕高度的6成左右。
2. 接著加入巴薩米克醋和醬油，轉中火繼續燉煮。沸騰後將火轉弱，蓋上鍋蓋、保留些許縫隙續煮約20分鐘。

column

應付各種場面的菜色設計靈感

無論是忙過頭的日子，
或是想放鬆一下的假日，
或是宴請友人到家裡用餐，
要能巧手做出應付各種場面的料理，
就必須先在腦中構思、設計菜單。
另一項必備的工作，
當然就是事先做好常備小菜冷藏備用了。
等到要吃的時候，再用這搭配那的，
輕輕鬆鬆就變出各種美味組合。

＊繁忙日子輕鬆即食的菜色

- 肉丸子白菜牡蠣鍋（→**29頁**。也可以不加牡蠣）
- 淺漬高麗菜（→**42頁**）加小魚乾
- 土鍋雜糧炊飯飯糰（→**45頁**）

＊只有沙拉和湯的延遲晚餐

- 洋蔥番茄日常清湯（→**39頁**）加冷凍水煮玉米（→**31頁**）
- 簡易水煮雞肉（→**18頁**）切薄片擺在萵苣上，撒上香草鹽（→**25頁**）

＊輕食午餐或便當

- 白飯搭配炒絞肉（→17頁）、冷凍水煮毛豆（→31頁）、甜醋漬小番茄（→13頁）、荷包蛋
- 淺漬小黃瓜（→42頁）拌醬油味噌米麴（→25頁）

＊週末的慵懶早餐

- 蘋果乳酪司康（→110頁）三明治
- 奶油乳酪果醬司康（→110頁）三明治
- 甜醋漬白花椰菜（→13頁）
- 奶茶

＊提早開動的悠閒品酒晚餐

- 以微煎過的小芋頭做成的簡易焗烤（→63頁）
- 尼泊爾風味醬菜（→86頁）
- 油漬炙燒菇（→11頁）
- 鹽烤迷迭香風味冷凍秋刀魚（→35頁），佐上鯷魚巴西利橄欖油（→24頁）

＊不動聲色露一手的宴客大餐

- 自家製油漬沙丁魚（→14頁）
- 甜醋漬小番茄（→13頁）
- 烤棍子麵包佐鯷魚巴西利橄欖油（→24頁）
- 焙煎糙米雞肉炊飯（→47頁）
- 焦糖香蕉椰子冰淇淋（→106頁）

善用烤箱下廚！

試過用烤箱做菜之後才知道，眞的很有趣。沒想到利用烤箱可以做出這麼多的料理變化。聽到此大家可能不是很瞭解，但近來的小型烤箱眞的是非常有用的廚房幫手喔。

烤箱料理中尤其以焗烤深受大家喜愛，但事實上多數人都不曾自己動手做過這道料理。這實在太可惜了。各位不妨拋開「烤箱料理似乎很難」的先入爲主想法，將它視爲是「透過加熱將食材烤出焦色、散發香氣的工具」。再說，烤箱料理本來就不一定非得從新鮮的生食開始烤起。馬鈴薯先煮過後再放入耐熱容器中，上頭撒點鹽，再將奶油或橄欖油、又或者是乳酪等經加熱融化後會散發香氣、表面呈現焦色的材料大把地擺上去。由於馬鈴薯已事先煮熟，因此只要高溫烤個10分鐘，若香氣不足再加烤5分鐘，將表面烤得金黃美味就可以了。

由於小型烤箱的容量較小，所以在食材的準備上就必須多花一點工夫。烤清燙蔬菜、烤煎肉排、烤蘋果等，隨著不斷嘗試，烤箱將成爲各位下廚不可或缺的幫手。看到這裡，想必各位一定很後悔沒有早點善用烤箱吧。具備不可思議的魅力、可以讓大家興奮期待出爐成品的工具，非烤箱莫屬了。

焗烤通心粉

焗烤通心粉

材料　4～5人份

通心粉……180公克
洋蔥……1小顆
白花椰菜……1小顆
大蒜……1/2大瓣
牛奶……500毫升
鮮奶油……200毫升
奶油（無鹽）……約30公克
綜合乳酪絲……約200公克
低筋麵粉（過篩）……3大匙略多
橄欖油……適量
鹽……適量
肉荳蔻……1/5小匙
麵包粉（細）……2大匙

作法

1 通心粉放入鹽水中煮到麵芯變軟後撈起，以2小匙橄欖油拌勻。
2 洋蔥切對半後切成薄片。白花椰菜切成小株，莖的部分削去厚皮，切成塊狀一起汆燙好備用。大蒜切末。
3 牛奶加熱到微溫後，與鮮奶油混和拌勻。
4 深平底鍋中放入1大匙橄欖油加熱後，先以中火炒洋蔥和蒜末，加點鹽、炒到洋蔥變軟後，加入奶油炒到起泡，再放入低筋麵粉迅速炒勻。炒到奶油微焦、沒有麵粉顆粒後，加入一半份量的**3**，邊煮邊不停攪拌，直到所有食材完全融合，再將剩餘的**3**分兩次加入。等到鍋中沸騰、所有食材都熟了之後，加鹽調味。
5 拿出一個大碗，放入**1**、白花椰菜和菜莖，再將**4**倒入拌勻。綜合乳酪絲也一起加進來混合拌勻。
6 焗烤容器中塗上薄薄的一層橄欖油，將**5**倒入容器中，撒上肉荳蔻和麵包粉。放入預熱至攝氏220度的烤箱中烤20～30分鐘，烤到麵包粉呈金黃焦脆即完成。

＊在大家都喜歡的焗烤通心粉中加入白花椰菜。乳酪絲拌入其中會比撒在上頭來得美味，最後再撒上肉荳蔻，增添風味。烤得焦焦脆脆的麵包粉也是美味關鍵之一。白醬以平底鍋煮會比較方便，只要動作快就不容易失敗。焗烤的時候可以分成小盤，或是一大盤一起烤也可以。

柑橘風味烤雞
佐烤蘋果

柑橘風味烤雞佐烤蘋果

材料　4～5人份
帶骨雞腿……3大隻
大蒜……3～4小瓣
蘋果……2大顆
A
- 檸檬……1顆
- 葡萄柚……1顆
- 醋橘……2顆
- 臭橙……1顆

鹽……適量
橄欖油……適量

作法

1 帶骨雞腿從關節處切開，沿著骨頭將整隻雞腿切成3塊。以皮朝下擺入耐熱盤中，撒上大量鹽搓揉。大蒜整瓣帶皮切對半，撒在雞肉上。將A的各種柑橘各切對半，剔除種籽後，把果肉榨出汁來淋在雞肉上（以叉子插著果肉緊緊捏擠，比較容易榨汁）。
2 蘋果對半橫切，在切面撒點鹽，並分別淋上1小匙橄欖油，再將蘋果合成一顆，以鋁箔紙包起來。
3 在**1**的雞肉上淋上1大匙略多的橄欖油後，器皿表面用鋁箔紙整個封住，放入預熱至攝氏190度的烤箱中烤約40分鐘。烤到一半時將鋁箔紙移除，並將雞肉翻面，與**2**的蘋果一起放回烤箱中，續烤約20～30分鐘，直到雞肉表面呈金黃色。
4 將烤好的雞肉和大蒜盛盤，淋上器皿裡的烤汁。小心撕開包著蘋果的鋁箔紙，注意不要讓裡頭的湯汁流掉，將烤蘋果盛放在雞肉旁，將湯汁澆淋在雞肉和蘋果上。鹹度不夠可再加點鹽。

＊學會焗烤料理之後，接著就能嘗試用烤箱來烤肉了。帶骨雞腿淋上現榨柑橘汁，烤起來不僅香氣十足，濃縮的酸味也十分美味。烤過的蘋果無論湯汁或風味都非常棒，軟綿的果肉吃起來酸酸甜甜，外形雖然是完整的蘋果，卻有著醬汁般的風味，搭配豬肉也很合適。

column

剩餘調味料活用術

調味料用不完的原因很多，
因爲大瓶比較划算，或是因爲價格昂貴捨不得用。
仔細檢視瓶身的標籤會發現，品質好的調味料原料都很單純。
天然原味的調味料能使料理變得更美味，
不妨善用品質好的調味料，
讓它成爲料理的好幫手，毫不浪費地用到一滴不剩。

醋

料理雞肉或豬肉等風味醇厚的煮物時，加醋可以讓食材愈煮愈美味，還多了一份甘甜。醋的混合使用或許會讓許多人感到驚訝，但事實上將米醋和酒醋混合，味道反而圓潤不刺激，變得更好活用了。

魚露

魚露和醬油可作為「鹽的替代品」，可經常用在淺漬醃物或煮物、烤物等料理上，加速消耗。魚露屬於發酵性的調味料，風味非常適合搭配昆布或柴魚片，可以讓味道變得更有層次。

芥末醬

一般來說，芥末醬帶辣，芥末籽醬則帶酸。可趁新鮮、風味尚未流失之前，像98頁中介紹的一樣，大量使用在燉煮料理中。也很建議將芥末醬和芥末籽醬混合一起使用。

巴薩米克醋

價格較高的美味巴薩米克醋，可大量使用在煮物上（例如67頁的巴薩米克醋風味煮蓮藕）。簡單將巴薩米克醋混合水和鹽，用來燉煮肉類和洋蔥非常適合。也很適合日式的筑前煮，是重要場合上十分有力的幫手。

鯷魚

鯷魚和大量同樣經常會用剩的蔬菜——巴西利拌在一起做成油漬（鯷魚巴西利橄欖油，24頁），一瓶很快就能吃光。鯷魚也可以和大蒜、薑、辣椒、堅果、葡萄乾等一起搭配組合，做成風味絕佳的醬料。

柚子胡椒

柚子胡椒味道辛辣，十分美味。一般需冷藏保存，並且在水分變乾之前用完。可以加在米糠或鹽麴、酒粕漬中。或是將酪梨切碎，加入檸檬汁和柚子胡椒一起品嘗。或與美乃滋混拌，取代山葵用來沾壽司，可使料理變得更清爽。

用過才會懂的香料奧義

某一次，我在一如往常的燉物裡任意加入了孜然，從此開啓了使用香料的習慣。

香料與香草可以瞬間改變料理的氛圍，尤其我非常喜歡孜然，經常拿來做各種運用，包括類似咖哩的燉物。甚至連麵包也不放過，直接將孜然揉進麵糰裡。一些原本既不是日式、也不像西式的料理，只要加了香料，調性立刻變得鮮明，實在很有趣。帶有異國風味的香氣也很吸引人。隨著搭配組合運用會發現，香料不僅有辣度和辛香風味，也融合了各種甘甜、苦味及清香。甚至還帶了點濃稠的特性？印度、北非的料理最常使用香料，幾乎所有料理全靠香料完成。一般人不太可能像這樣經常使用香料，但還是可以藉由搭配組合來進一步發揮香料的美味。若完全不做任何嘗試，眞的太可惜了。只要肯嘗試，一定可以發現從未品嘗過的風味，爲其美味效果感到驚豔。進而從最基本的咖哩，慢慢不斷嘗試各種更多元的風味變化，包括茶、甜點等，一口氣栽進香料的世界中。別再猶豫了，香料的美味，就等著你大膽動手嘗試呢！

圓潤的鯖魚咖哩與孜然飯（84頁）、
馬鈴薯白花椰菜蔬菜咖哩（85頁）、
香料蛋（85頁）、烤洋蔥（90頁）、
搭配以鹽和檸檬汁調味的番茄。

風味圓潤的鯖魚咖哩

＊這道菜的靈感來自於某一次從事玻璃藝術的友人招待我吃他自己做的青甘魚咖哩，香料搭配所產生的味道，令我十分驚豔。這道風味圓潤的鯖魚咖哩，非常適合搭配鹹拉西（salty lassi，將原味優格以水稍微稀釋後，加入鹽和孜然粉各一小撮拌勻即完成）一起品嘗。

材料　4人份

鯖魚（魚片）……4片
檸檬汁……1顆
洋蔥（切薄片）……2顆
低筋麵粉……約2大匙
植物油……適量
鹽……適量

A
- 孜然粉……2小匙
- 芫荽粉……1小匙
- 薑黃粉……2小匙
- 腰果……100公克
- 焙煎白芝麻……30公克
- 鹽……少許
- 水……約200毫升

B
- 孜然……1.5小匙
- 小茴香……1.5小匙

C
- 青辣椒（輪切）……1根
- 薑泥……1大匙
- 蒜泥……1小匙
- 辣椒粉……1小匙

作法

1 鯖魚片切成3～4等份，魚皮朝下擺放在淺方盆中，撒上些許鹽靜置30分鐘。接著擦乾表面鹽分及水分，淋上檸檬汁後冷藏半天。
2 將A以食物調理機打成粗泥狀（調整水量使最後呈濃稠的泥狀）。
3 擦乾**1**的鹽分及水分後，撒上低筋麵粉。大平底鍋加熱2小匙植物油，放入鯖魚煎至兩面上色後取出。
4 鍋中重新倒入1大匙略多的植物油和B，以中火拌炒，注意不要炒焦。等到炒出香氣後，加入C再稍微拌炒。接著加入洋蔥，撒點鹽，炒到洋蔥變軟。再將**3**和**2**放入鍋中拌勻，蓋鍋以小火約煮15分鐘。過程中適度加水，避免燒焦。最後加鹽調味。

孜然飯

只要用2杯米、1小匙孜然、1根辣椒、1大匙植物油、少許鹽，再以比一般煮飯稍微少的水煮成口感較硬的米飯，就是印度風味十足、適合搭配咖哩的米飯了。

香料蛋

材料　6人份
蛋……6顆
薑黃粉……1/2小匙
A
- 辣椒粉……1/4小匙
- 印度綜合香料……1/4小匙
- 焙煎白芝麻……2大匙
- 香菜（切粗末）……2～3根

植物油……約1大匙
鹽……少許

作法
1 將蛋放至室溫後，放入冷水中加熱11分鐘後撈起，再放入冰水中冰鎮。剝去蛋殼，在表面塗抹上薑黃粉。
2 平底鍋放入植物油加熱後，將1放入，加入少許鹽，邊翻動鍋中的蛋邊煎。接著加入A，搖晃鍋子使所有蛋均勻沾裹。

＊既然要搭配咖哩，何不將蛋做成香料風味？這道香料蛋比起作為配料，更可當成一道獨立的料理。薑黃粉要在一開始就加入，經過加熱色澤會變得金黃美味。作法簡單，卻非常適合用來宴客，甚至會讓人想多做一些品嘗。

馬鈴薯白花椰菜蔬菜咖哩

材料　4人份
馬鈴薯（五月皇后品種）……2大顆
白花椰菜……1小顆
香菜……3～4根
A
- 孜然……1.5小匙
- 芥末籽……1/2小匙

B
- 薑泥……2小匙
- 番茄（切粗末）……1小顆
- 薑黃粉……2/3小匙
- 辣椒粉……2/3小匙

鹽……少許
植物油……約2大匙
水……約50毫升

作法
1 馬鈴薯去皮後切成適當大小，稍微泡水後撈起瀝乾。白花椰菜切成小株。香菜連根切成粗末。
2 平底鍋中倒入植物油和A，以小火加熱。炒到香料起泡、香氣散出後，依序加入B的材料，每加入一項就稍微拌勻。接著加入鹽、馬鈴薯、香菜和水，蓋上鍋蓋燜煮。
3 經過3～4分鐘後，加入白花椰菜和少許鹽，將鍋中所有食材拌勻後，再蓋上鍋蓋蒸7～8分鐘。

＊馬鈴薯與白花椰菜做成的蔬菜咖哩「aloo gobi」，是我非常喜愛、百吃不膩、經常會想做來吃的一道菜。等到避免燒焦而加入的水分完全收乾後，這道菜就算大功告成了。放到隔天也很好吃，因此建議可多做一些份量。芥末籽也可不加。完成前加入印度綜合香料能增添風味。

印度風味天婦羅

材料　方便製作的份量

洋蔥……1大顆

黃豆素絞肉（17頁）……4大匙

A
- 辣椒粉……1/2小匙
- 印度綜合香料……1/3小匙
- 薑黃粉……1/4小匙
- 低筋麵粉……80公克
- 鹽……少許

水……適量

植物油……適量

作法

1 將A放入大碗中，少量分次慢慢加水，同時以打蛋器將大碗中的材料均匀打到濃稠度比一般天婦羅麵衣來得稀一點。

2 洋蔥切對半再切成極薄片，放入**1**的大碗中。也把黃豆素絞肉放進來，將所食材拌匀。

3 平底鍋中倒入1公分高的植物油，以中小火加熱，直到麵衣丟進去會立刻結塊凝固，就表示可以開始炸東西了。以大湯匙舀取**2**放入油鍋中，炸到兩面酥脆金黃。炸好撈起後放在紙巾上吸油。

＊這種印度的天婦羅名叫「pakora」。料理的祕訣是麵衣要充分攪拌均勻，再放入喜愛的食材，是一種十分隨性的炸物。蔬菜可以只用一種或搭配數種都無妨。

尼泊爾風味醬菜

材料　方便製作的份量

紅蘿蔔……1根

小黃瓜……1根

紅甜椒……1小顆

鹽……適量

A
- 焙煎白芝麻……4大匙
- 辣椒粉……1/2小匙
- 薑泥……1小匙
- 檸檬汁……1顆

B
- 薑黃粉……1/4小匙
- 孜然粉……1/4小匙

植物油……約80毫升

作法

1 小黃瓜切成3等份長段，每一等份再切成4段。紅蘿蔔和甜椒切成與小黃瓜同樣長段。將所有蔬菜放入耐熱碗中，加入大量鹽拌勻，靜置約30分鐘。接著將水分瀝乾，把A加到蔬菜上方。

2 平底鍋以小火加熱植物油，待油開始微微冒煙即熄火，放入B，輕輕搖晃鍋子，使其均匀沾裹上油。接著趁熱一口氣倒入**1**的耐熱碗中，迅速拌勻即完成。

＊非常適合搭配咖哩的一道蔬菜料理。這也是一道作法各異的料理，有些作法不需加熱油，有些是香料的外形、份量、種類不同，或是加不加辣椒粉等，有著各式各樣的風味組合。這裡我用的是尼泊爾式作法，以薑泥搭配大量檸檬和芝麻，最後再淋上熱油。

香料奶茶與香料茶

香料茶是將肉桂、去殼的小豆蔻、丁香、薑等先以水煮開後，再加入紅茶葉，就是一杯充滿濃郁香料風味的茶。如果減少水的份量，改用大量牛奶，就是香醇的香料奶茶。

設宴待客的祕訣

設宴待客沒有什麼成功的祕訣，眞要有的話，頂多就是掌控好當天進行的流程。先從幾樣下酒菜慢慢開始品嘗，盡可能將用餐時間拉長。慢慢出餐是宴席最重要的關鍵。假使客人帶酒來，就必須判斷大概能配合哪道小菜開來品嘗。下酒菜不需要一開始就全端上桌，每一道的份量也要盡可能減少，即便讓客人餓點肚子也無妨。等到時間差不多或是炒熱氣氛後，再將熱呼呼的鍋物或剛完成的料理端上桌，把餐宴的氣氛帶到最高潮。接著，當大家饑腸轆轆地一口氣吃光桌上料理、飽肚休息一會兒之後，再端出甜點及飯後飲料讓大家慢慢品嘗，結束一場緩慢悠閒的美好餐宴。這才算是成功的宴席。

餐點不要挑選剛做好時最好吃、冷掉就美味盡失的料理，盡量運用一些可事先備料的菜色先做好準備，或可當場大家一起完成的食物來做搭配組合。尤其以視覺上簡單樸實、香氣四溢的料理最適合。設宴料理就以作法簡單、食材單純的食材主義來進行吧！

宴客式烤蔬菜

材料　4～5人份
胡桃南瓜（butternut）
……中型的1顆
甜菜根……1小顆
番薯……2～3小條
洋蔥……2～3顆
檸檬……1顆
鹽……適量
橄欖油……適量
辣椒粉……少許
印度綜合香料……少許
奶油（無鹽）……約30公克

作法

1 胡桃南瓜切對半，去除籽囊後，在切面淋上橄欖油，撒上大量鹽，以錫箔紙略微包覆。
2 甜菜根切對半，切面處淋上橄欖油和鹽，同樣以錫箔紙略微包覆。
3 番薯稍微泡水將外皮沾濕，再以錫箔紙包覆。
4 洋蔥切對半，切面處淋上橄欖油和鹽。耐熱盤裡鋪上錫箔紙，洋蔥切面朝下擺入盤中。
5 檸檬也切對半，切面處淋上橄欖油和鹽。取另一耐熱盤，裡頭鋪上錫箔紙，將檸檬以**4**的方法擺入盤中。
6 將**1**和**2**放入預熱至攝氏200度的烤箱中烤40分鐘，再放入**3**和**4**一起烤30分鐘（直到番薯可用竹籤刺穿）。接著將**1**、**2**、**3**錫箔紙上方掀開，並將**5**一起放入烤箱中繼續烤15～20分鐘，直到蔬菜表面上色。
7 將烤好的地瓜切對半，和其餘食材一起盛盤。胡桃南瓜撒上印度綜合香料，番薯則撒上鹽和紅辣椒粉，再抹上奶油一起品嘗。

＊烤蔬菜是最美味的烤箱料理，也是簡單又輕鬆的待客料理。如果家裡烤箱太小，可以減少份量或蔬菜種類。或是分次烤好，上桌前再重新加熱就好。胡桃南瓜與甜菜根都是近來常見的新種類蔬菜。而宴客就是個大好時機，可以活用這些平時不常料理的新菜色。

豐盛涼麵

材料　4～5人份

素麵（麵線）……400公克
簡易水煮雞肉（18頁）
……雞胸肉1片
焙煎白芝麻……2大匙
茄子……4～5根
杏鮑菇……中型的3根
櫛瓜……1小條
油豆腐……2片
西芹……1根
綠紫蘇……10片
檸檬、臭橙……各適量
薑泥……2大匙
辣椒粉……適量
麵味露……適量
醬油味噌米麴（25頁）
……3大匙
鹽……少許

作法

1 將水煮雞肉剝成粗絲後，撒上焙煎白芝麻。茄子用烤網烤到外皮焦黑後剝去外皮，切成適當大小。杏鮑菇上下切對半，再切成薄片，以平底鍋或烤網烤熟，趁熱撒鹽調味。櫛瓜切圓片後再切成粗絲，過滾水稍微汆燙後撈起瀝乾。用平底鍋將油豆腐煎至微焦上色後再切段。西芹剝去粗絲，切成斜薄片，過滾水稍微汆燙後撈起瀝乾。綠紫蘇切粗絲。檸檬和臭橙切成方便榨汁的大小，並挖除種籽。將所有處理好的食材互相搭配盛盤。

2 燒一大鍋滾水，將素麵放入汆燙。燙好以冰水沖掉黏液，冰鎮麵條，使其更有彈性。將素麵分成數小份，整圓後盛盤。

3 搭配薑泥和辣椒粉、麵味露、醬油味噌米麴。依喜好調配組合各種香辛料和麵味露調成醬料來沾著1和2一起吃。醬油味噌米麴可以加少量的水和麵味露溶解調開。

自製麵味露

若找不到喜歡的市售麵味露，不如自己動手做吧。酒200毫升和味醂150毫升一起放入鍋中煮沸，待酒精揮發後，加入水800毫升和醬油200毫升續煮到再次沸騰。接著加入柴魚片30公克，煮8～10分鐘後熄火。等柴魚片沉澱後過濾出湯汁，加水稀釋到喜愛的濃度口味即可。

＊夏天最好的宴客料理就是涼麵。而最豐盛的吃法，就是自己動手準備。雖然只是些常見的食材，但各式各樣準備起來，也是一桌豐盛的料理。蔬菜種類多，吃起來就像沙拉一樣清爽。麵條種類也有多種選擇，較粗的半田素麵、細長的南關素麵或三輪素麵，或是五島烏龍麵等，全都想端上桌一起品嘗。還有大門素麵也想吃。這真是一桌令人不禁想大喊「素麵萬歲！」的料理。

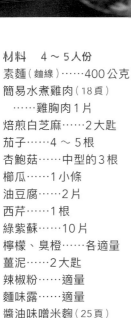

青甘魚下巴抹醬與白花椰菜

材料　方便製作的份量

青甘魚下巴……2片
白芝麻醬……150公克
橄欖油……3～4大匙
檸檬汁……1顆
孜然粉……1小匙略少
辣椒粉……1/4小匙
鹽、胡椒……各適量
白花椰菜……1/2顆
麵包……適量

＊說到魚肉料理，我認為魚下巴是非常美味的一種食材。一塊魚下巴就包含了油脂的部分與緊實的魚肉，做成魚肉抹醬不僅不用顧慮保留完整外形，也比較經濟實惠。但相對的是必須自己動手做。用打掃的心情細心挑除魚刺，就能享受最後的美味成品。這時候我總會不由自主地喃喃自語「比起打掃，我更喜歡挑魚刺」。

作法

1 青甘魚下巴撒上大量的鹽搓揉，靜置約20分鐘後，擦去表面鹽分和水分。
2 將**1**以烤網等方式確實烤熟。稍微放涼後剝去魚皮，並挑掉所有魚刺。將魚肉稍微剝碎放入研磨鉢中。
3 在**2**的魚肉裡加入白芝麻醬、一半份量的橄欖油、一半份量的檸檬汁、孜然粉及辣椒粉，以研磨棒將所有食材搗碎。等到魚肉變成細碎後，加入剩餘的橄欖油和檸檬汁，混合攪拌直到磨出黏性、形成泥狀為止。
4 白花椰菜切成小株，燙熟後縱切成片狀。
5 將**3**和**4**一起盛盤，搭配烤麵包。吃的時候將魚肉抹醬和白花椰菜擺在麵包上，並撒上現磨胡椒一起品嘗。

整顆蔬菜的清燉料理

材料　4人份

馬鈴薯（五月皇后品種）……4顆
紅蘿蔔……2根
高麗菜……約2/3顆
大蔥……粗的2根
橄欖油……3大匙
鹽……適量
水……約1公升
自製芥末醬（24頁）……適量

作法

1 馬鈴薯去皮泡水後撈起瀝乾。紅蘿蔔切成2等份。高麗菜保留中間菜梗，切成4等份。大蔥切成約8公分長段。
2 以大鍋將水燒開，加入一半份量的橄欖油。放入馬鈴薯、紅蘿蔔、高麗菜，撒上鹽，蓋鍋，以中火煮約15分鐘。接著將大蔥放入鍋中，並加入剩餘的橄欖油，以小火蓋鍋繼續燉煮約30分鐘。過程中隨時添加水（保持煮汁高度約食材的7～8分高）。待蔬菜完全變軟即完成。
3 將煮好的蔬菜盛裝在湯盤裡，可依喜好添加鹽、胡椒、橄欖油（份量外）、自製芥末醬等來提味。

＊若不加肉類或魚類，單純只想以蔬菜來製作風味醇厚的燉煮料理的話，最重要的關鍵是搭配使用多種蔬菜，並添加橄欖油或高湯粗鹽。裹上一層薄油的蔬菜，可是一點也不容小覷的主菜啊。如果想吃肉，可以搭配單純鹽烤的肉類料理。若是將肉和蔬菜一起燉煮，則又是一款風味完全不同的料理。這道燉煮蔬菜可以一口氣煮多一點，吃不完的話第二天做成蔬菜濃湯。只要將蔬菜切小塊，連同湯汁一起放入食物調理機攪拌，加入番茄泥添增香醇，再放回爐火上重新加熱即完成。喝的時候撒點現磨胡椒（此為37頁搭配的湯品）。

column

漆器與帶蓋器皿

漆器是搭配難度較高的器皿，但使用過會意外發現，漆器不僅不易損壞，用餐的感覺也不一樣，實在是一舉兩得，不，應該是一舉三得的實用品。如果附有上蓋，器皿本身和蓋子還能分開使用，方便性更高。用漆器吃飯也會讓人對眼前的料理態度更愼重，這也是漆器的優點之一。

至於帶蓋的陶瓷器皿，看到喜歡的最好就買下來。蓋子可以當成醬油皿，或是作爲盛放漬物或佃煮小菜的豆皿。或者用來盛裝小點心也不錯，可以讓平凡的甘納豆看起來更高級；小顆饅頭盛放在上頭，也會變得像幅畫一般。青花瓷可以襯托食材色調，燉鍋則能充當保存容器使用。

漆器與帶蓋器皿正因爲不常使用，所以更應該嘗試用來盛裝漬物、煮物、小菜等一般常見料理。不可思議的是，使用這些端正的器皿擺盤時，態度自然會變得謹愼而追求視覺上的美感，因此料理的呈現通常不會雜亂無章。或許這種謹愼的態度表現，正是我喜歡漆器與帶蓋器皿的原因吧。漆器和帶蓋器皿可說是最適合忙錄生活的器皿，可以讓人靜下心來仔細將料理擺盤，並以平靜的心情享用眼前的每一餐。

山中漆器帶蓋煮物碗（左）的蓋子可作為點心盤。樸實漆器的輕盈手感深具魅力。
外形較小的青花瓷帶蓋碗（中）是舊貨，用來盛裝日式甜點也很適合。蓋子可用來盛裝漬物或佃煮。
帶蓋燉鍋（右）的平面蓋子也能當成盤子，十分方便好用。

我的甜點清單

飯後以一小份自製甜點畫下句點。這畫面光是想像就讓人覺得非常美好。

有些人會下廚，卻不見得會做甜點。其實大家可以製作一份不分國籍、口感滑順帶香氣的簡易甜點清單。雖說是清單，事實上種類不用太多，只需要一些可以輕鬆完成的常見甜點就行了。例如用口感柔滑有彈性、不分男女老少大家都喜歡的白玉湯圓，搭配紅豆所呈現的風味；或是適合西式及日式風味的焦糖香氣。這些都是大家熟悉、又能滿足胃口的美味甜點。清單上最好再加上司康。司康雖然不是甜點，卻能當成點心，或是突然肚子餓時當輕食來吃。製作司康雖然需要反覆練習，但只要記住基本技巧，司康的製作步驟可說是能帶給人幸福感的「粉類製品」的入門，因此最好加以熟練。

自己做甜點還能控制甜度，或許哪一天，這份甜點清單會不斷增加。會做甜點能讓下廚變得更有趣。若想以獨特風味的甜點爲餐點畫下句點，自然會依據甜點來搭配組合料理。不要覺得買現成的比較好吃，偶爾不妨從一些簡單的甜點開始，自我挑戰嘗試做做看。或是在待客宴席上端出一些特別用心的點心。因爲製作甜點，本來就是一件愉快而充滿冒險的事。

材料　4人份
冷凍水煮紅豆（31頁）
……約120公克
A・甜菜糖……80公克
　・黑糖……30公克
糯米粉……120公克
水……適量
大顆葡萄（巨峰等品種）
……12顆

作法

1 鍋子裡放入水300毫升和A，以中火煮到糖完全溶化。沸騰後將火調弱續煮約10分鐘，待煮汁變濃稠後，加入冷凍水煮紅豆續煮4～5分鐘便熄火。靜置等待入味。
2 大碗裡放入糯米粉，加入水100毫升，將粉揉成糰。可視情況再一小匙一小匙地額外添加水分，使麵糰呈水潤圓滑。
3 燒一大鍋滾水，另外準備一大碗冰水。將**2**的麵糰分成12等份並搓圓，在中心壓出凹洞後，放入滾水中煮，浮起後再等約20秒便撈起，放入冰水中冰鎮。
4 將葡萄剝去外皮，流下來的果汁再淋在果肉上。
5 將**3**和**4**連同果汁一起盛入碗中，上頭再淋上**1**的紅豆即完成。

＊在日本，白玉湯圓和水煮紅豆搭配而成的點心稱為「龜山」。這裡之所以稱為「新式」，是因為使用的紅豆帶有淡淡鹹味，甜度淡雅。紅豆以鹽水煮過再冷凍保存，除了可以加在燉煮蔬菜和湯品中，也能運用在這類的點心上。這裡所使用的葡萄也可以改成柿子、香蕉、草莓、水梨等任何當季水果。

新式白玉湯圓紅豆湯

草莓果醬果凍佐優格醬

材料　6人份（約800毫升）
草莓……2盒（約400公克）
甜菜糖……180公克
吉利丁粉……10公克
檸檬汁……1小匙
水……250毫升
櫻桃白蘭地……1小匙
A 原味優格……200毫升
　蜂蜜……1大匙

＊草莓果醬是大家都熟悉的味道，在這裡則將它變化做成果凍。照片中的布丁容器為110毫升的容量，玻璃杯則是150毫升。這道果凍風味濃郁，使用這種小型容器來盛裝，吃起來剛剛好。也可以改做成柳橙、蘋果、葡萄柚等好吃又熟悉的口味。

作法
1 草莓洗淨後切除蒂頭，放入鍋中，撒上砂糖靜置，等待溶化。
2 吉利丁粉加水3大匙（份量外）溶解泡開。
3 將**1**以中火煮至沸騰，稍微撈除浮沫後，再煮4～5分鐘就熄火。倒入食物調理機中打成泥狀。
4 將**3**的草莓泥倒回鍋中，加入檸檬汁和水，以小火重新加熱。接著加入**2**攪拌至溶解，最後再將櫻桃白蘭地加進來拌勻。
5 將**4**分別倒入容器中，稍微放涼後，放入冰箱冷藏6～7小時凝固。
6 待果凍凝固後，將A混合拌勻，淋在果凍上。

焦糖香蕉椰子冰淇淋

材料　4～6人份

【椰子冰淇淋】

原味優格……400毫升

椰子粉……60公克

甜菜糖……70公克

鮮奶油……200毫升

【焦糖香蕉】

香蕉……2大根

甜菜糖……2大匙略多

肉桂粉……1/6小匙

奶油（無鹽）……約20公克

＊不使用雞蛋、口味清爽的冰淇淋，搭配用糖煎得濃郁香甜的香蕉。冰淇淋雖然融化得快，但稍微融化吃起來反而更美味。製作冰淇淋時，深度較淺的容器雖然比較快凝固結凍，但使用有深度的保存容器攪拌起來會更方便，放冷凍庫也比較不占空間。

作法

【椰子冰淇淋】

1　將椰子粉和砂糖加入優格中，以打蛋器攪拌均勻。

2　鮮奶油以打蛋器打成稠狀，加入**1**混合均勻。

3　將**2**倒入保存容器中，放冰箱冷凍2～3小時後取出，以叉子攪碎再放回冰箱。之後每小時取出，重複同樣步驟。以這個份量，約7～8小時便能大致凝固。

【焦糖香蕉】

4　香蕉去皮，切成3公分寬。

5　將砂糖和肉桂粉混合拌勻。

6　奶油放入平底鍋中以小火加熱融化，接著將**5**鋪撒在鍋中。轉大火，等到砂糖開始溶化、邊緣慢慢變褐色時，將**4**放進來，盡量不要翻動，煎到切面上焦色為止。待香蕉裹上焦色即可熄火，稍微放涼。

【盛盤】

7　以大湯匙將**3**舀入玻璃杯中，上頭擺上**6**。

無花果藍莓乾克拉芙緹

材料　12公分方形×高3公分的容器2個（4～5人份）

無花果……3大顆
藍莓乾……滿滿2大匙
蛋……2顆
甜菜糖……80公克
低筋麵粉……25公克
杏仁粉……20公克
牛奶……90毫升
鮮奶油……200毫升
杏仁甜酒（amaretto）……少許
奶油或植物油……少許

＊「克拉芙緹」（clafouti）原指以櫻桃烤成的一道布丁蛋糕，通常需要放置一晚等待入味，吃起來味道更好。這裡改用新鮮無花果和藍莓乾來做，莓果乾的濃郁味道使得蛋糕更添香醇。利口酒的選擇除了杏仁甜酒之外，也可依喜好改用君度酒等其他種類。淋上酒吃起來像甜點，不加則感覺比較像點心？可一次烤多一點慢慢品嘗。

作法

1 在大碗中放入蛋、糖70公克，以打蛋器充分打勻。接著篩入低筋麵粉，並加入杏仁粉，以打蛋器將粉類拌勻。將牛奶和鮮奶油混合拌勻後也放進來，攪拌到無粉狀顆粒。

2 無花果去皮，切對半。

3 烤盤容器中塗上薄薄一層奶油或植物油，將**2**的無花果以切面朝上擺入容器中，再把藍莓乾撒在上頭。接著慢慢將**1**倒入，放入預熱至攝氏190度的烤箱中烤到表面完全上色，約烤30分鐘左右。

4 趁熱撒上10公克的糖和杏仁甜酒。置於室溫下等到蛋糕充分入味。

原味司康與蜂蜜堅果抹醬、鮮奶油霜

＊司康可以一次多做一些，烤好出爐大家一起品嘗，剩餘的放涼之後馬上冷凍保存，可當成點心配茶或早餐。偶爾也能夾著蘋果與乳酪，趁著工作空檔填點肚子。自己做的司康甜度較低，吃起來比較沒有罪惡感。麵糰一開始用壓模，剩餘的再用推整、不壓揉的方式整成圓形。只要注意手法，烤出來和壓模壓的不會差太多。若沒有壓模，也可以全部用手來整形。

材料　直徑5公分約20個

A
- 低筋麵粉……350公克
- 高筋麵粉……120公克
- 泡打粉……1.5大匙

B
- 全麥粉……30公克
- 甜菜糖……3大匙
- 鹽……1/3小匙

奶油（無鹽）……120公克
牛奶……250～300毫升
蜂蜜……5大匙
核桃……20公克
腰果……20公克
鮮奶油……200毫升
酸奶……100毫升

作法

1 奶油切成小塊狀，放置冰箱充分冰鎮備用。
2 將A混合篩入大碗中，再加入B，以打蛋器將所有粉類混合攪拌至沒有粗粒。
3 接著放入**1**的奶油，用手拌勻。先將奶油表面均勻裹粉，再捏碎成粗粉粒狀。接著緊抓一把粉粒，以兩手相搓的方式將粉粒搓成細粉狀。
4 牛奶分2～3次慢慢加入**3**中，每加一次牛奶就以橡膠刮刀拌勻，最後整成一個麵糰。
5 在工作檯篩撒手粉（高筋麵粉：份量外），雙手同樣拍上些許手粉。將**4**的麵糰倒在檯面上，從靠近身體一端將麵糰對摺後，轉90度再對摺。重複此動作約5～6次。
6 接著用擀麵擀將麵糰擀開，厚度約1公分。再壓出直徑5公分大小的圓形約12個。剩餘的麵糰集中後，以刀子分切成8等份，用手整成圓形。
7 烤盤鋪上烘焙紙，將**6**擺入，放入預熱至攝氏190度的烤箱中烤到膨脹、上色，約烤20～25分鐘。
8 核桃和腰果切碎，加入蜂蜜拌勻。
9 將鮮奶油分2～3次慢慢加入酸奶中混拌均勻。
10 烤好的司康依喜好抹上大量**8**和**9**一起品嘗。

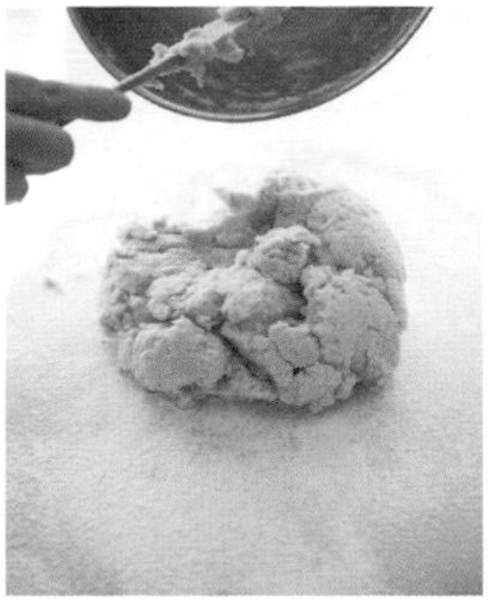

日文版工作人員
設計　茂木隆行
攝影　赤尾昌則（WhiteSTOUT）
編輯　美濃越かおる
　　　後藤香（KADOKAWA）
校對　麦秋ARTCENTER

國家圖書館出版品預行編目(CIP)資料

你的料理最美味——85道食譜與10篇料理手記 /
長尾智子作；賴郁婷譯. -- 初版.
-- 臺北市：大鴻藝術合作社出版, 2018.05
112面；17×21公分
ISBN 978-986-95958-3-4（平裝）
1. 食譜
427.1　　　　107006114

你的料理最美味
85道食譜與10篇料理手記

作者　長尾智子
譯者　賴郁婷
設計　mollychang.cagw.
特約編輯　張雅慧
責任編輯　林明月
行銷企畫　林予安
總編輯　林明月

發行人　江明玉
出版、發行　大鴻藝術股份有限公司　合作社出版
台北市103大同區鄭州路87號11樓之2
電話：02-2559-0510　傳真：02-2559-0502

總經銷　高寶書版集團
台北市114內湖區洲子街88號3F
電話：02-2799-2788　傳真：02-2799-0909

2018年5月初版
ISBN 978-986-95958-3-4
定價320元